Ali Boutlelis Djahra
Ouahiba Bordjiba
Salah Benkherara

Marrube Blanc : Le secret de la guérison

Ali Boutlelis Djahra
Ouahiba Bordjiba
Salah Benkherara

Marrube Blanc : Le secret de la guérison

Approche phytochimique et activité antimicrobienne, antioxydante et antihépatotoxique de ses substances actives

Éditions universitaires européennes

Imprint

Any brand names and product names mentioned in this book are subject to trademark, brand or patent protection and are trademarks or registered trademarks of their respective holders. The use of brand names, product names, common names, trade names, product descriptions etc. even without a particular marking in this work is in no way to be construed to mean that such names may be regarded as unrestricted in respect of trademark and brand protection legislation and could thus be used by anyone.

Cover image: www.ingimage.com

Publisher:
Éditions universitaires européennes
is a trademark of
International Book Market Service Ltd., member of OmniScriptum Publishing Group
17 Meldrum Street, Beau Bassin 71504, Mauritius

Printed at: see last page
ISBN: 978-3-8416-7073-1

Zugl. / Agréé par: Annaba, université badji mokhtar Annaba 2014

Copyright © Ali Boutlelis Djahra, Ouahiba Bordjiba, Salah Benkherara
Copyright © 2015 International Book Market Service Ltd., member of OmniScriptum Publishing Group

Marrube Blanc : Le Secret de la guérison
Approche Phytochimique et activité
antimicrobienne, antioxydante,
antihépatotoxique de ses substances actives

Le vrai point d'honneur d'un scientifique n'est pas toujours d'être toujours dans le vrai. Il est d'oser, de proposer des idées neuves et ensuite de les vérifier.

Pierre-Gilles de Gennes

Remerciements

Au Professeur BORDJIBA Ouahiba. C'est à la femme de science que j'adresse mes remerciements. Vous avez initié et dirigé ce présent travail avec la rigueur scientifique, l'enthousiasme et la persévérance qui sont les vôtres. Soyez assurée que j'ai bénéficié de vous l'éducation qui doit animer un chercheur : l'ingéniosité et la persévérance, car dans la recherche scientifique, il n'existe pas « d'escalier en verre ». Ce que vous nous avez toujours fait savoir. Aux tribulations diverses qui auraient pu compromettre la réalisation de ce travail, Vous avez toujours trouvé les solutions qui s'imposaient. Aussi grande que puisse être ma gratitude, soyez assurée qu'elle ne sera jamais à la hauteur de tous les efforts que vous avez déployés. Puisse Dieu me permettre de vous imiter.

Monsieur le Professeur Ali TAHAR, directeur du laboratoire de biologie végétale et Environnement : je tenais à vous remercier chaleureusement pour votre soutien scientifique et moral. Puissiez-vous trouver ici ma plus profonde reconnaissance pour votre aide concernant l'étude statistique de ce travail.

Une grande part de ma reconnaissance s'adresse à Madame le professeur Chérifa HENCHIRI pour son aide matérielle qui m'a permis de mener à bien la partie antihépatotoxique de ce travail. Je la remercie également pour ses conseils, son soutien scientifique et pour avoir accepté de bien vouloir examiner ce travail. Qu'elle trouve ici ma vive reconnaissance et tout mon respect.

Que le Professeur Mahmoud SOLTANE, Pr Abdelhak GHEID, Docteur Nedjoud GRARA veuillent trouver ici l'expression de ma profonde gratitude pour avoir accepté de bien vouloir examiner ce travail malgré leur diverses préoccupations. Qu'ils soient assurés de ma vive reconnaissance.

Mes remerciements vont aussi au Docteur Chahine Kaidi du service Anapathologie de l'hôpital Ibn Rochd-Annaba pour m'avoir accueilli au niveau du laboratoire Anapathologie et d'avoir ménagé de son temps pour la lecture des coupes histologiques du foie. Qu'il soit assuré de ma profonde gratitude.

Je tiens particulièrement à remercier Mr le Professeur Noureddine Aouf pour m'avoir facilité l'accès au laboratoire du professeur Abdelkrim CHRITI de l''Université de Bechar pour la réalisation des analyses par HPLC. Qu'ils trouvent ici et tous les deux, ma profonde gratitude.

Je tiens également à exprimer mes plus vifs remerciements à mon épouse Benkaddour Mounia pour sa précieuse aide, sa générosité et son agréable compagnie ainsi que pour son soutien moral tout au long de la réalisation de ce travail.

Je ne saurais oublier mon ami Benkherara Salah, maitre assistant à l'université de Ghardaia pour son aide précieuse durant la préparation de ce travail. Ses encouragements, son soutien moral et ses qualités humaines m'ont été d'un grand secours.

Enfin, que toutes les personnes qui y ont contribué de prés ou de loin trouvent ici ma sincère reconnaissance et mes remerciements.

Dédicaces

Mes très chers Parents,
Vous qui avez toujours cru en moi et su me redonner confiance lorsque la motivation n'était plus au rendez-vous. Acceptez ce travail comme le témoignage de mon profond amour et mon attachement indéfectible

A mon épouse

A mon frère et mes chères sœurs

Et à mon meilleur ami Salah,

Je dédie ce travail

TABLE DES MATIERES

Résumé Français.
Résumé Arabe.
Résumé Anglais.

INTRODUCTION GENERALE.   1

CHAPITRE I : ETUDE PHYTOCHIMIQUE DE LAPLANTE.

1. INTRODUCTION.
2. Aperçu bibliographique sur la plante étudiée :
Marrubium vulgare 9
2.1. Famille des lamiacées........................ 9
2.2. Genre *Marrubium* 11
2.2.1. Aspects botanique 11
2.2.2. Aspects phytochimique..................... 12
2.3. Espèce *Marrubium vulgare* 24
2.3.1. Localisation et répartition.................. 25
2.3.2. Composition chimique..................... 25
2.3.3. Utilisation...................................... 26
2.3.4. Formes d'utilisations et posologies........ 28
2.3.5. Contre-indications et effets indésirables... 29
3. MATERIEL ET METHODES
3.1. Matériel utilisé 29
3.1.1. Matériel végétal.............................. 29

3.2. Méthode suivies.................................. 32
3.2.1. Tests biochimiques préliminaires.......... 32
3.2.2. Préparation de l'extrait brut méthanolique 32
3.2.3. Dosage des composés phénoliques totaux 33
3.2.4. Extraction des flavonoides.................. 34
3.2.5. Extraction des tanins....................... 37
3.2.6. Séparation des flavonoides par Chromatographie sur Couche Mince CCM....... 38
3.2.7. Séparation des tanins par Chromatographie sur Couche Mince CCM....... 39
3.2.8. Analyse des extraits par chromatographie liquide à haute performance HPLC................ 39
4. RESULTATS.
4.1. Tests biochimiques préliminaires............. 40
4.2. Rendement de l'extrait brut méthanolique.. 41
4.3. Teneur des composés phénoliques totaux dans l'extrait brut méthanolique.................... 43
4.4. Teneur en flavonoides......................... 44
4.5. Teneur en tanins............................... 45
4.6. Chromatographie sur couche mince des flavonoides 46
4.7. Chromatographie sur couche mince des tanins 47
4.8. Résultats des analyses par HPLC des différents extraits : extrait brut méthanolique, extrait flavonoidique, extrait tanique............ 47

5. DISCUSSION.
6. CONCLUSION.

CHAPITRE II
ACTIVITE ANTIMICROBIENNE.

1. INTRODUCTION.
2. MATERIEL ET METHODES.
2.1. Matériel Utilise................................. 57
2.1.1. Extraits de *Marrubium vulgare*............. 57
2.1.2. Souches bactériennes........................ 57
2.1.3. Souches fongiques........................... 58
2.1.4. Molécules de références : antibiotique et antifongiques... 59
2.2. Méthode suivies................................ 61
2.2.1 Etude de l'activité antibactérienne et antifongique... 61
3. RESULTATS.
3.1. Activité antibactérienne de l'extrait flavonoidique... 62
3.2. Activité antifongique de l'extrait flavonoidique... 64
3.3. Activité antibactérienne de l'extrait tannique... 66
3.4. Activité antifongique de l'extrait tannique   68
4. DISCUSSION.
5. CONCLUSION.

CHAPITRE III
ACTIVITE ANTIOXYDANTE.

1. INTRODUCTION.
2. MATERIEL ET METHODES.
2.1. Evaluation de l'effet antioxydant des extraits... 82
2.1.1. Réduction du fer : FRAP (Ferric Reducing Antioxidant Power).................... 82
2.1.2. Piégeage du radical libre DPPH (2,2-diphényle-1-picrylhydrazyl)................. 84
2.1.2.1. Evaluation du potentiel anti-radicalaire par le calcul de l' IC_{50}............................. 86
3. RESULTATS.
3.1. Réduction du fer (FRAP)..................... 86
3.2. Piégeage du radical libre DPPH (2.2-diphényl-1-picrylhydrazyl)......................... 89
3.2.1. Evaluation de l' IC_{50}......................... 91
4. DISCUSSION. 93
5. CONCLUSION. 96

CHAPITRE IV
ACTIVITE ANTIHEPATOTOXIQUE.

1. INTRODUCTION.
2. MATERIEL ET METHODES.
2.1. Matériel utilise................................. 102
2.1.1. Matériel animal.............................. 102

2.1.2. Tétrachlorure de carbone CCl$_4$.............. 103
2.1.3. Insecticide (Decis expert).................... 105
2.2. Méthode suivies................................ 107
2.2.1. Préparation des solutions de CCl$_4$ et l'insecticide (Decis expert)......................... 107
2.2.2. Préparation des solutions à base d'extrait brut méthanolique................................... 107
2.2.3. Détermination de la DL$_{50}$ de l'extrait brut méthanolique de la plante......................... 107
2.2.4. Détermination de la DL$_{50}$ de l'insecticide (Decis expert)...................................... 108
2.2.5. Détermination de la DL$_{50}$ Tétrachlorure de carbone (CCl$_4$).................................. 109
2.2.6. Evaluation de l'activité antihépatotoxique 109
2.2.6.1. Protocole expérimental................... 109
2.2.6.2. Prélèvement de sang...................... 110
2.2.6.3. Dosage des paramètres biochimiques sériques... 111
2.2.6.4. Prélèvement du foie...................... 111
2.2.6.5. Dosage des enzymes antioxydants du foie... 112
2.2.6.5. L'étude histopathologique................ 118
2.2.7. Etude statistique............................ 119
3. RESULTATS.
3.1. Détermination de la DL$_{50}$ de l'extrait brut méthanolique de la plante......................... 124
3.2. Détermination de la DL$_{50}$ de l'insecticide 125

3.3. Evaluation de l'activité antihépatotoxique 126
3.3.1. Effet sur le poids………………………… 126
3.3.2. Effet sur les teneurs en enzymes sériques 127
3.3.3. Effet sur les autres paramètres biochimiques sériques………………………… 130
3.3.4. Effet sur les teneurs en enzymes antioxydants du foie……………………… 132
3.3.5. Etude histopathologique………………… 136
3.4. Analyses statistique……………………….. 141
4. DISCUSSION.
5. CONCLUSION.

CONCLUSION GENERALE ET PERSPECTIVES. 153
REFERENCES BIBLIOGRAPHIQUES. 159
ANNEXES.

RESUME

Parmi les plantes médicinales recensées auprès des populations et bénéficiant de bonnes renommées thérapeutiques et qui de ce fait devront être mises à l'épreuve d'investigations sérieuses de décryptages chimiques et biologiques, le *Marrubium vulgare*. Afin d'apporter les preuves de son innocuité et de rendre son utilisation plus efficiente, une étude phytochimique a été réalisée, les activités biologiques antimicrobienne, antioxydante et antihépatotoxique ont été également déterminées.

L'étude phytochimique a permis d'isoler les principaux métabolites notamment ceux majoritaires, les flavonoïdes et les tanins. L'analyse par CCM et HPLC a mis en exergue la richesse des trois extraits isolés à partir des feuilles : l'extrait brut méthanolique, flavonoidique et tannique. Les profils chromatographiques ont révélé la présence de même pic majeur dans les deux extraits, extrait brut méthanoliques et flavonoidiques.

Les tests de l'activité antimicrobienne ont permis d'évaluer la puissance antibactérienne et antifongique des flavonoïdes et des tanins. L'effet bactéricide varie selon la nature de la souche et de la substance testée. L'inhibition de la croissance dépasse parfois celles provoquées par les antibiotiques.

L'activité antiradicalaire a montré que les trois extraits sont dotés d'un pouvoir antioxydant élevé. Cependant l'extrait brut méthanolique est plus actif que les extraits flavonoidique et tannique. Ce fort pouvoir de réduction et d'élimination de radicaux libres de l'extrait brut serait lié à la complexité en composés polyphénoliques présents et la synergie entre eux pour une meilleure activité biologique.

Cette étude nous a permis par ailleurs, de confirmer l'innocuité de la plante, d'apporter une preuve biologique mesurable de l'activité antihépatotoxique de l'extrait brut méthanolique foliaire. L'efficacité de l'extrait brut méthanolique a été démontrée à travers les tests de l'hépatotoxicité induite par le tétrachlorure de carbone CCl_4 et l'insecticide Decis expert. Une diminution dans la concentration des paramètres biochimiques et des transaminases (TGO et TGP) a été notée chez les souris traitées par rapport aux témoins non traités.

Ce potentiel antihépatotoxique est également confirmé à travers l'étude histologique. L'observation des coupes met en évidence des lésions hépatiques qui sont moins étendues chez les souris intoxiquées et traitées et leur cicatrisation intervient plus tôt que chez les animaux intoxiqués non traitées.

Mots clés : *Marrubium vulgare*, Pouvoir antimicrobien, Antioxydant, Antihépatotoxique, Tétrachlorure de carbone CCl_4, Insecticide Decis expert.

ملخص

من بين النباتات الطبية التي يستفاد من شهرتها العلاجية وتحتاج الى ابحاث جادة للتعرف على صفاتها الكيميائية والبيولوجية نبات *Marrubium vulgare*. ولأجل البرهنة على عدم ضرره واستعمالاته الفعالة. تم اجراء دراسة كيميائية للنبات، النشاطات البيولوجية المضادة للميكروبات، المضادة للاكسدة والمضادة لتسمم الكبد.

الدراسة الكيميائية للنبات سمحت بعزل اهم المواد الفعالة تحديدا العامة منها مثل الفلافونويدات و الطنينات. التحليل بواسطة CCM و HPLC بين غنى المستخلصات التي تم عزلها انطلاقا من الاوراق. المستخلص الصافي الميثانولي، الفلافونويدات و الطنينات. مقطع الكروماتوغرافيا بين وجود نفس العمود الطيفي في المستخلص الصافي الميثانولي والفلافونويدي.

النشاط المضاد للميكروبات سمح بتثمين القدرة المضادة للبكتيريا و الفطريات للفلافونويدات و الطنينات. تثبيط النمو يختلف حسب طبيعة السلالة، حيث فاق في بعض المرات ذلك الذي تسببه المضادات الحيوية.

النشاط المضاد للجذور الاوكسجينية بين ان للمستخلصات الثلاثة قدرة مضادة للاكسدة مرتفعة. حيث ان المستخلص الصافي الميثانولي اكثر نشاط من المستخلص الفلافونويدي والطنيني. هذه القدرة على الارجاع وابعاد الجذور الحرة للمستخلص الصافي الميثانولي تكون مرتبطة باحتوائه على مواد متعددة الفينولات ومدى تكاملها مع بعضها من اجل تحقيق احسن نشاط بيولوجي ممكن.

هذه الدراسة سمحت كذلك بتأكيد عدم ضرر هذا النبات وذلك بواسطة قياسات بيولوجية خاصة بالنشاط المضاد لتسمم الكبد وهذا للمستخلص الصافي الميثانولي للأوراق. فعالية المستخلص الصافي في النشاط

المضاد لتسمم الكبد تم بواسطة رباعي كلور الكربون CCl_4 والمبيد الحشري Decis expert. تم ملاحظة نقص في تركيز المواد البيوكيميائية ومركبات (TGO و TGP) عند الفئران المعالجة بالمستخلص الصافي مقارنة بتلك الغير معالجة.

هذه القدرة المضادة لتسمم الكبد تم تأكيدها بواسطة دراسة تشريحية. ملاحظة المقاطع بين ان الاضرار الكبدية تكون اقل من تلك الموجودة عند الفئران المسممة والمعالجة مقارنة بالحيوانات المسممة و الغير معالجة.

كلمات مفتاحية: *Marrubium vulgare*، القدرة المضادة للميكروبات، المضادة للأكسدة، المضادة لتسمم الكبد، رباعي كلور الكربون CCl_4، المبيد الحشري Decis expert.

SUMMARY

Among the medicinal plants identified at the populations and enjoying of good therapeutic reputations and which of this fact should be tested for serious investigations of chemical and biological decryption, the *Marrubium vulgare*. In order to bring the evidence of its harmlessness and to make its use more efficient, a phytochemical study was realized, the antimicrobial biological activities, antioxydant and antihepatotoxic were also determined.

The phytochemical study allowed isolating the main metabolites including those who are major, the flavonoids and the tannins. The analysis by TLC and HPLC showed the richness of the three extracts isolated from the leaves: crude methanolic extract, flavonoidic extract and tannic extract. The chromatographic profile revealed the presence of the same major peak in the two samples, flavonoid and crude methanolic extract.

The tests of the antimicrobial activity allowed to assess the antibacterial and antifungal power of flavonoids and tannins. The bactericidal effect depends on the nature of the strain and of the substance tested. The inhibition of growth may exceed sometimes those caused by antibiotics.

The scavenging activity showed that the three extracts are endowed with a high antioxidant power. However the crude methanolic extract is more active than the flavonoidic and the tannic extracts. This high power of reduction and elimination of free radicals of the crude extract is linked to the complexity of compounds polyphenolic present and the synergy between them for a better biological activity.

This study allowed also confirming the harmlessness of the plant species, to provide a measurable biological proof of the antihepatotoxic activity of the crude methanolic extract. The efficiency of the crude methanolic extract has been demonstrated through the tests of the hépatotoxicity induced by the carbon tetrachloride CCl_4 and the insecticide (Decis expert). A decrease in the concentration of biochemical parameters and transaminases (GOT and GPT) was observed in treated mice compared with untreated controls.

This Antihepatotoxic potential is also confirmed through the histological study. The cuts demonstrates liver damage that are less widespread in intoxicated and treated mice and the cicatrization intervenes earlier than in intoxicated animals and untreated.

Keywords: *Marrubium vulgare*, Antimicrobial power, Antioxidant, Antihepatotoxic, Carbon tetrachloride CCl_4, Insecticide Decis expert.

INTRODUCTION GENERALE

INTRODUCTION GENERALE

Pendant longtemps, les plantes médicinales ont été une source inépuisable de médicaments pours les tradipraticiens pour guérir certaines pathologies souvent mortelles sans savoir à quoi étaient dues leurs actions bénéfiques. Actuellement, l'ethnopharmacologie s'emploient à recenser, partout dans le monde, des plantes réputées actives et dont il appartient à la recherche moderne de préciser les propriétés et valider les usages. La recherche de nouvelles molécules doit être entreprise au sein de la biodiversité végétale en se servant de données ethnopharmacologiques. Cette approche permet de sélectionner des plantes potentiellement actives et d'augmenter significativement le nombre de découvertes de nouveaux actifs (Pelt, 2001). Jusqu'à présent, sur les 300000 espèces végétales recensées, on estime que seules 15% d'entre elles ont été étudiées sur le plan phytochimique, dont 6% pour leurs activités biologiques (Verpoorte, 2002), ce qui fait des plantes un réservoir de molécules bioactives encore peu exploré.

Les substances naturelles et les plantes en particulier représentent une immense source de chimiodiversité, avec souvent des structures très originales dont une synthèse totale et rentable (complexité structurale, stéréospécificité…) est souvent difficile à réaliser. Ces dernières années, nous assistons à un regain d'intérêt des consommateurs pour les produits naturels. C'est pour cela que les industriels développent de plus en plus des, procédés mettant en œuvre des extraits et des principes actifs d'origine végétale.

Parmi ces nouveaux composés potentiellement intéressants, les antioxydants, tels que les flavonoïdes, ont été particulièrement étudiés en raison de leur utilisation dans les domaines pharmaceutiques, cosmétiques et alimentaires pour leurs effets bénéfiques pour la santé. De nos jours, plus de 3000 flavonoïdes sont identifiés et se trouvent localiser particulièrement dans les pigments floraux ou dans les feuilles (Marfak, 2003). Les flavonoïdes sont reconnus essentiellement pour leur action antioxydante, modulatrice de l'activité de certaines enzymes, vasculoprotectrice (Vitor et al., 2004), anti-inflammatoire (Chen et al.,2008) et antidiabétique (Marfak, 2003). L'intérêt accru des antioxydants d'origine naturelle dans le but d'augmenter la conservation des aliments s'explique par le fait que certains antioxydants synthétiques présentent des risques de cancérogénicité.

L'Algérie, pays connu par ces ressources naturelles, dispose d'une flore singulièrement riche et variée. On compte environ 3000 espèces de plantes dont 15% endémique et appartenant à plusieurs familles botaniques (Gaussen, 1982). Néanmoins, il faut noter que, d'une part, le nombre d'espèces végétales diminue et que d'autre part, le savoir des médecines traditionnelles tend lui aussi à disparaître progressivement. Il en résulte une urgence à connaître et protéger ces espèces et les savoirs qui leur sont associés. La recherche de molécules bioactives d'origine naturelle constitue d'ailleurs un des axes prioritaires de l'industrie pharmaceutique algérienne mais également des médecins et des chimistes cherchent à mieux connaître le patrimoine des espèces spontanées utilisées en médecine traditionnelle.

Pour notre part, notre choix s'est porté sur le Marrube blanc ou *Marrubium vulgare* qui est une source très riche en tanins et flavonoides que l'on rencontre dans les feuilles. Elle est largement utilisée dans le bassin méditerranéen pour ses nombreuses vertus thérapeutiques. Elle est employée par les tradipraticiens contre le diabète, les infections des voies respiratoires et les troubles de la sécrétion biliaire, les affections bronchiques aiguës bénignes et les rhumes. Cependant, on en sait très peu au sujet de ses composants et de leur mode d'action pharmacologique. Elle fut injustement déchue de son rang au cours du XXème siècle mais elle est toutefois en passe d'être réhabilitée. En juin 2002, des chercheurs français isolaient d'ailleurs dans la plante un glucoside jusqu'alors inconnu, le marruboside. (Sahpaz et *al.*, 2002). De plus, des études récentes réalisées chez des animaux, portant sur les principes actifs contenus dans cette plante, et plus particulièrement sur le marrubenol et les glycosides de phénylpropanoïdes, ont apporté la preuve que le Marrube blanc peut présenter un intérêt certain dans la prévention du risque cardiovasculaire. Or, les maladies cardiovasculaires sont la première cause de mortalité dans le monde (environ 30% des décès) et les récentes innovations en matière de thérapeutique médicamenteuse se sont révélées insuffisantes pour faire reculer ce chiffre. De plus, si les propriétés antioxydantes, antihypertensives antimicrobiennes, antihépatoprotectrices et anticancéreuses de *Marrubium vulgare* se confirment chez l'homme dans les années à venir, cette plante pourrait constituer une alternative de première intention dans la prise en charge des facteurs de risque de maladies graves à l'officine.

Ainsi donc, ses effets sur les diverses pathologies nous ont donc poussés à valoriser cette espèce endémique végétale qu'est le Marrube blanc ou *Marrubium vulgare* et à démontrer les activités biologiques de ses principes actifs. Pour ce faire, nous avons structuré notre travail comme suit :

- Après une introduction faisant le point sur la question, une étude phytochimique détaillée de la plante se basant notamment sur l'isolement des composés polyphénoliques majeurs existant au niveau des feuilles fera l'objet d'un premier chapitre.
- Dans un deuxième chapitre, nous aborderons l'effet antiseptique antimicrobien des deux composés majeurs isolés, les flavonoïdes et les tanins.
- Une étude du pouvoir antioxydant de l'extrait brut méthanolique, flavonoidique et tannique sera présentée dans un troisième chapitre.
- L'activité antihépatotoxique sera traitée au travers des paramètres biochimiques et histologiques et fera l'objet d'un quatrième chapitre. Ce dernier sera suivi d'une conclusion générale présentant une synthèse des meilleurs résultats obtenus.

CHAPITRE I

ETUDE PHYTOCHIMIQUE DE LA PLANTE

1. INTRODUCTION

La phytochimie ou chimie des végétaux est la science qui étudie la structure, le métabolisme et la fonction ainsi que les méthodes d'analyse, de purification et d'extraction des substances naturelles issues des plantes. Elle est indissociable d'autres disciplines telles que la pharmacognosie traitant des matières premières et des substances à potentialité médicamenteuse d'origine biologique. Ces substances sont toutefois utiles aux plantes elles-mêmes et aux consommateurs de la chaîne alimentaire pour diverses raisons.

De nos jours, nous comprenons de plus en plus, que les principes actifs des plantes médicinales sont souvent liés aux produits des métabolites secondaires. Leurs propriétés sont actuellement pour un bon nombre reconnue et répertorié, et donc mises à profit, dans le cadre des médecines traditionnelles et également dans la médecine allopathique moderne (Bourgaud et al., 2001, Kar, 2007). Aujourd'hui, on estime que les principes actifs provenant des végétaux représentent environ 25% des médicaments prescrits. Soit un total de 120 composés d'origine naturelle provenant de 90 plantes différentes. Sur les milliers d'espèces de plantes à usage thérapeutique répertoriées en Algérie, très peu sont celles qui ont été valorisées sur le plan phytochimique.

2. Aperçu bibliographique sur la plante étudiée : *Marrubium vulgare*

2.1. Famille des Lamiacées

La famille des Lamiacées est composée de près de 258 genres et 6970 espèces d'herbes, d'arbustes et d'arbres, à tige quadrangulaire et à inflorescences verticillées. Les feuilles sont généralement opposées ou verticillées, simples ou très rarement pennatiséquées ; il n'y a pas de stipule. Les fleurs sont bisexuées et zygomorphes, les inflorescences sont en cymes bipares puis unipares (Par manque de place). Le calice est synsépale, typiquement 5-mère, parfois bilabié et porte 5 à 15 nervures protubérantes. La corolle est sympétale et typiquement bilabiée, avec deux lobes formant une lèvre supérieure et trois lobes formant la lèvre inférieure. L'androcée peut consister soit en quatre étamines didynames, soit en seulement deux étamines soudées au tube de la corolle ou à la zone périgyne et alternant avec les lobes. (Guignard, 2001, Quezel et Santa, 1963).

2.1.1. Distribution :

Selon Judd et *al.,* (2002), la distribution géographique des lamiacées est cosmopolite. Les Lamiacées sont rencontrées sous tous les climats, à toutes les altitudes. Certains des 200 genres que compte la famille sont quasiment cosmopolites, d'autres ont une distribution plus restreinte. Rare dans le milieu forestier tropical, les Lamiacées se concentrent dans la région méditerranéenne (Bruneton, 2001). Les Lamiacées comprennent environ 2 500 espèces dont l'aire de disposition est extrêmement étendue, elles sont particulièrement abondantes dans la région méditerranéenne (Crété, 1965).

Les Lamiacées sont surtout des plantes méditerranéennes qui, au Sahara ne se rencontrent guère que dans la région présaharienne et dans l'étage supérieur du Hoggar, sauf les trois espèces *Marrubium deserti, Salvia aegyptica* et *Teucrium polium* qui sont plus largement répandues et en particulier, les deux 1ères espéces (Ozenda, 2004).

2.1.2. Intérêt économique :

La famille renferme de nombreuses espèces économiquement importantes soit par leurs huiles essentielles, soit pour leur usage condimentaire, elles appartiennent aux genres *Mentha* (la Menthe), *Lavandula* (la Lavande), *Marrubium* (le Marrube),

Nepeta (L'Herbe aux chats), *Ocimum* (le Basilic), *Origanum* (l'Origan), *Rosmarinus* (le Romarin), *Salvia* (la Sauge), *Satureja* (la Sarriette) et *Thymus* (le Thym). Les tubercules de quelques espèces de *Stachys* sont comestibles. *Tectona* (le Tek) fournit un bois d'œuvre important. De nombreux genres contiennent des espèces ornementales : on peut citer parmi eux *Ajuga, Callicarpa, Clerodendrum, Monarda, Salvia, Scutellaire* et *Vitex* (Judd et *al.*, 2002).

Un très grand nombre de genres de la famille des Lamiaceae sont des sources riches en terpènoides, flavonoïdes et iridiodes glycosylés. Le genre *Phlomis* comprant prés de 100 espèces est particulièrement riche en flavonoides, phénylethanoides, phenylpropanoides et en iridoides glycosilés. Le genre *Salvia*, comprenant près de 900 espèces majoritairement riche en diterpènoides et le genre *Marrubium* avec environ 30 espèces réparties dans un grand nombre de pays du globe (Bonnier, 1909).

2.2. Genre *Marrubium*

2.2.1. Aspect botanique

Le genre *Marrubium* comporte quelque 40 espèces, répandues principalement le long de la méditerranée, les zones tempérées du continent eurasien et quelques pays d'Amérique Latine (Rigano, 2006, Meyre, 2005). Le genre *Marrubium* est muni d'un calice à 10 dents, dont les 5 commissurales plus courtes, toutes terminées en pointe épineuse. C'est un Arbuste à tiges et face inférieure des feuilles blanches tomenteuses. Les inflorescences sont en glomérules verticillés. Les bractées sont linéaires aigues. Les fleurs sont blanches. En Algérie, on retrouve 6 espèces différentes au sein de ce même genre : *Marrubium vulgare, Marrubium supinum, Marrubium peregrinum, Marrubium alysson, Marrubium alyssoide Pomel* et *Marrubium deserti de Noé* : (Quezel et Santa, 1963).

2.2.2. Aspect phytochimique

Les études phytochimiques effectuées sur le genre *Marrubium* (Ashkenazy et *al.*, 1983) au regard des données bibliographiques ont permis d'isoler un grand nombre de métabolites secondaires tels que les flavonoides, les sesquiterpènes, les diterpènes, les triterpènes et les tanins.

2.2.2.1. Sesquiterpènes

Ce sont des hydrocarbures de formule $C_{15}H_{24}$, soit une fois et demie (sesqui) la molécule des terpènes vrais (en $C_{10}H_{16}$). Ils peuvent être acycliques, monocycliques, bicycliques ou tricycliques.

- **Composés acycliques :** On peut citer le farnésène et le farnésol (alcool correspondant du farnésène, essence de Tilleul, (baumes du Pérou et de Tolu). Le nérolidol, isomère du farnésol (essence de Néroli, baume du Pérou).
- **Composés monocycliques :** Le zingibérène (du Gingembre), L'humulène (du Houblon).
- **Composés bicycliques :** Le cadinène (du goudron de Cade).
- **Composés tricycliques :** Les santalènes (du Santa), Les santalols, alcools correspondants des santalènes.

On peut rattacher aux sesquiterpènes, en raison de leur structure, des lactones comme la santonine, l'hélénine, substances non volatiles mais sublimables. Ces composés, non saturés, sont constitués par deux cycles penta- et heptacarbonés ; on trouve dans ce groupe le guaïazulène (du Gaïac), les vétivazulènes, le chamazulène (des essences de Chamomille et de Matricaire) (Bruneton, 1987).

2.2.2.2. Diterpènes

Les diterpènes constituent un grand groupe de composés en C-20 issus du métabolisme du *2E, 6E, 10E*-géranylgéranylpyrophosphate (GGPP). On dénombre plus de 1200 produits diterpéniques répartis en une centaine de squelettes. On les rencontre dans certains insectes et divers organismes marins, ils sont surtout répandus chez les végétaux particulièrement dans les espèces des familles Lamiacées, Astéracées et Fabacées. Ils peuvent être acycliques, monocycliques, tricycliques ou tétracycliques (Dey et Harborne, 1991, Bruneton, 1999).

2.2.2.3. Triterpènes

Ces composés en C30 sont très répandus, notamment dans les résines, à l'état libre, estérifiés ou sous forme hétérosidique. Ils peuvent être aliphatique, tétracycliques ou pentacycliques.
- **Composés aliphatiques** : le squalène, surtout rencontré dans le règne animal, se trouve également dans l'insaponifiable d'huiles végétales (Olive, Lin, Arachide). C'est un intermédiaire dans la biogenèse des triterpenes cycliques et des stéroïdes.

- **Composés tétracycliques** : l'euphol, l'euphorbol dans les résines d'*Euphorbia resinifera* Berg. Le butyrospermol de beurre de Karité, dans l'insaponifiable de graisses, les acides éburicoïque, polyporénique chez des champignons (Polypores). Le lanostérol du suint de mouton, retrouvé sous le nom de cryptostérol dans la Levure de bière.
- **Composés pentacycliques** : ils sont très fréquents chez les plantes. On les classe en trois groupes suivant les alcools en $C_{30}H_{50}O$ dont ils dérivent.

2.2.2.4. Flavonoides

Les flavonoïdes au sens large sont des pigments quasiment universels des végétaux (Rice-Evans et *al.*, 1996). Structuralement, les flavonoïdes se répartissent en plusieurs classes de molécules, dont les plus importantes sont les flavones, les flavonols, les flavanones, les dihydroflavonols, les isoflavones, les isoflavanones, les chalcones, les aurones et les anthocyanes. Ces diverses structures se rencontrent à la fois sous forme libre (aglycone) ou sous forme de glycosides. On les trouve, d'une manière très générale, dans toutes les plantes vasculaires, où ils peuvent être localisés dans divers organes : racines, tiges, bois, feuilles, fleurs et fruits.

- **Répartition :**

Les flavonoides sont surtout abondants chez les plantes supérieures, particulièrement dans certaines familles : Polygonacées, Rutacées, Légumineuses, Ombellifères et Composées (Paris et Hurabielle, 1980).

La présence de flavonoides chez les algues n'a pas, à ce jour, été démontrée. S'ils sont fréquents chez les Bryophytes (Mousses et Hépatiques), ce sont toujours des flavonoides stricto sensu. Majoritairement des O et C-Hétérosides de flavones et des dérivés O-uroniques. Chez les Ptéridophytes la variété structurale des flavonoides n'est guère plus grande, les Psylotales et Sélaginellales étant caractérisées par la présence de biflavonoides, les Equistérales par celle de proanthocyanoides. Les O-hétérosides de flavonols. Dominent chez les fougères qui, pour certaines, élaborent également les chalcones ou Chez les Gymnospermes, les proanthocyanidols. Ils Sont remarquablement constants et l'on note la présence, chez les Cycadales et les Coniférales (à l'exception des Pinacées, de biflavonoides des absents chez les Gnétales. C'est chez les Angiospermes que la diversité structurale des flavonoides est maximale : ainsi, une trentaine de types flavonoidiques ont pu être identifiées chez les Astéracées (Bruneton, 1999).

- Localisation :
Présents dans les organes aériens, ils ont une teneur maximale dans les organes jeunes feuilles et boutons floraux (Paris et Hurabielle, 1980).
Les formes hétérosidiques des flavonoides, hydrosolubles, s'accumulent dans des vacuoles et, selon les espèces, se concentrent dans l'épiderme des feuilles ou se répartissent entre l'épiderme et le mésophylle (mais ces deux tissus peuvent accumuler spécifiquement des substances différentes. Comme cela a été démontré chez certaines Céréales, dans le cas des fleurs, elles sont concentrées dans les cellules épidermiques (Bruneton, 1999).

- Structure chimique et classification :
Tous les flavonoïdes ont une origine biosynthétique commune ce qui explique le fait qu'ils possèdent le même squelette de base à quinze atomes de carbones, constitué de deux unités aromatiques, deux cycles en C6 (A et B), reliés par une chaîne en C3. Ils peuvent être regroupés en plusieurs classes selon le degré d'oxydation du noyau pyranique central (Tableau n°1) : les hétérosides flavonoïdiques, les anthocyanes, les isoflavonoïdes et les flavonoïdes au sens strict comprenant les flavones, les flavonols, les dihydroflavonols, les flavanones ainsi que les aurones et les chalcones (Bruneton, 1999).

Tableau n°1: Différentes structures des flavonoides (Bruneton, 1999).

Classes	Structures chimiques	R3'	R4'	R5'	Exemples
Flavones		H	OH	H	Apigénine
		OH	OH	H	Lutéoline
		OH	OCH3	H	Diosmétine
Flavonols		H	OH	H	Kaempférol
		OH	OH	H	Quercétine
		OH	OH	OH	Myrecétine
Flavanols		OH	OH	H	Catéchine
Flavanones		H	OH	H	Naringénine
		OH	OH	H	Eriodictyol
Anthocyanidines		H	OH	H	Pelargonidine
		OH	OH	H	Cyanidine
		OH	OH	OH	Delphénidine
Isoflavones		R5	R7	R4'	
		OH	OH	OH	Genisteine
		H	O-Glu	OH	Daidzeine

- Utilisation thérapeutique :
Par delà les résultats partiels fournis par des tests biochimiques ou des études de pharmacologie animale, la réalité de l'efficacité clinique de la plupart des flavonoides et, a fortiori, celle des drogues qui en contiennent est rarement correctement établie. Les essais chez l'homme ne sont assez souvent que des observations et ne sont pas toujours conduits en conformité avec les normes actuellement en vigueur pour un type d'évaluation.

C'est essentiellement dans le domaine capillaro-veineux que l'on utilise les flavonoides ; seuls ou associés, ce sont les constituants habituels des vasculo-protecteurs et veinotoniques et des toniques utilisés en phlébologie. La plupart des spécialités actuellement disponibles ont des indications ou propositions d'emploi suivantes :

- Traitement des symptômes en rapport avec l'insuffisance veinolymphatique (jambes lourdes, douleurs, impatiences des primo-décubitus).
- Traitement des signes fonctionnels liés à la crise hémorroïdaire.

Quelques spécialités revendiquent en plus d'autres indications ou propositions d'emplois :

- Amélioration des troubles de la fragilité capillaire au niveau de la peau.
- Traitements des métrorragies lors de la contraception par microprogestatifs et des métrorragies dues au port du stérilet.
- Proposé dans les troubles impliquant la circulation rétinienne et/ou choroïdienne.
- Traitement du lymphoedème du membre supérieur après traitement radio-chirurgical du cancer du sein (Bruneton, 1999).

2.2.2.5. Tanins

On appelle communément « Tanins » des substances d'origine végétale, non azotées, de structure polyphénolique, soluble dans l'eau, l'alcool, l'acétone, peu soluble dans l'éther, de saveur astringente et ayant la propriété commune de tanner la peau, c'est-à-dire de la rendre imputrescible et imperméable en se fixant sur les protéines. Leur poids moléculaire varie de 500 à 3000. Dans les plantes, les tanins existent à l'état de complexes, les tannoïdes; certains combinés à des sucres sont dénommés tanosides (Paris et Moyse, 1976).

Les tanins sont très importants dans l'industrie des cuirs, ils agissent en donnant des combinaisons insolubles avec les protéines et rendent ainsi les peaux moins perméable à l'eau et imputrescibles (Paris et Hurabielle, 1980).

- Répartition et localisation :
Les tanins très répandus dans le règne végétal, sont particulièrement abondants dans certaines familles ; exemples : Cupulifères, Polygonacées, Rosacées, Légumineuses, Myrtacées, Rubiacées.
Ils peuvent exister dans divers organes : racines ou rhizomes (Ratanhia, Rhubarbe), écorce (Chêne, Quinquina), bois (Acacia à cachou). Cependant, on note une accumulation dans les écorces âgées et les tissus d'origine pathologique (Galles) (Paris et Hurabielle, 1980).
On les rencontre dans les vacuoles des cellules, souvent combinés à d'autres substances : alcaloïdes, protéines, oses (Tanosides), parfois dans des cellules spécifiques (idioblastes) : ils sont aisément caractérisés par leur coloration brune ou verdâtre ou brune bleuâtre avec des sels ferriques. La teneur en tanins peut être très élevée : 50% à 70% dans les noix de galles, 20% dans les péricarpes du noyer, la racine de bistorte, 15% dans la racine de ratanhia, etc.... (Paris et Moyse, 1976).

- **Structure chimique et classification :**
On distingue habituellement, chez les végétaux supérieurs, deux groupes de tanins différents par leur structure aussi bien que par leur origine biogénétique, les tanins hydrosolubles et les tanins condensés.

Tanins hydrolysables :
Ce sont des oligo ou des polyesters d'un sucre (ou d'un polyol apparenté) et d'un nombre variable de molécules d'acide phénol. Le sucre est très généralement le glucose. L'acide phénolique est soit l'acide gallique dans le cas des tanins galliques. Soit l'acide hexahydroxy diphénolique, dans le cas des tanins classiquement dénommés tanins ellagiques (Bruneton, 1999).

Tanins condensés :
Les tanins condensés ou tanins catéchiques sont des substances qui ne sont pas hydrolysées par les acides, ni par la tannase. Les acides forts à chaud ou les agents d'oxydation les convertissent en substances rouges ou brunes, insolubles dans la plupart des solvants. Par distillation sèche, ils fournissent du pyrocatéchol. Ces tanins dérivent des catéchols par condensation de molécules et ils sont d'ailleurs toujours accompagnés de catéchols dans les plantes fraîches (Paris et Moyse, 1976).

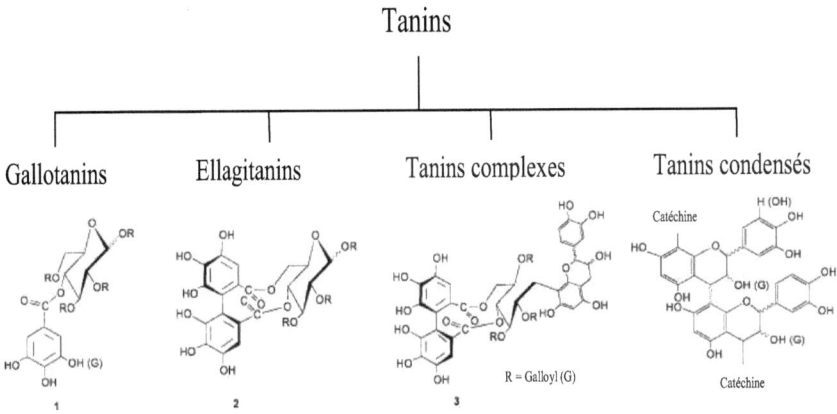

Figure n°1 : Différentes structures des tanins (Karamali et Teunis, 2001).

- **Utilisation thérapeutique :**

Les drogues à tanins servent surtout en thérapeutique pour leurs propriétés astringentes à l'extérieur et antidiarrhéiques en usage interne, Sur la peau et les muqueuses. Il s'ajoute une action vaso-constrictrice des petits vaisseaux, d'où l'emploi contre les hémorroïdes, les blessures superficielles. Les extraits tanniques sont aussi anti-inflammatoires dans les brûlures. Les drogues à tanins sont employées contre les diarrhées (Ratanhia, Salicaire). À l'action ralentissante du péristaltisme intestinal, s'ajoute l'action antiseptique ; les tanins libres étant détruits rapidement par le suc intestinal alcalin. On emploie de préférence les combinaisons tanniques et mieux les extrais végétaux complexes qui libèrent graduellement leurs tanins au cours de la digestion.

Il a été constaté que certains extraits tanniques comme ceux des Acer inhibaient la croissance de champignons, de bactéries, de virus. Ceci justifie l'emploi de drogues à tanins comme antiseptiques notamment dans les maladies pulmonaires (Paris et Moyse, 1976).

2.3. Espèce *Marrubium vulgare*

Le *Marrube vulgaire* est une Arbuste, d'aspect blanchâtre très rameux, à poils laineux appliqués, a feuilles petites en coin à la base et portant quelque dents au sommet, fleurs en petites glomérules à l'aisselle des paires de feuilles, corolle petite par apport au calice tubuleux, celui-ci s'accroissant considérablement par sa partie supérieure en formant autour du fruit une auréole membraneuse (Ozenda, 2004).

Selon Judd et *al*., (2002) la position systématique de l'espèce *Marrubium vulgare* est :

Règne	Végétale
Embranchement	Angiosperme.
Classe	Eudicotylédones.
Sous-classe	Gamopétale.
Ordre	Lamiales.
Famille	Lamiacées.
Genre	*Marrubium.*
Espèce	*Marrubium vulgare* L.

Les noms donnés à la plante sont les suivants : en Algérie est connue par le nom Marriouth (Quezel et Santa, 1963), Merrîwt au Maroc (Bellakhdar, 1997), Marroubia en Tunisie (Boukef, 1986). En Anglais : Harehound, en Italien : Marrubbio. Selon (Bonnier, 1909), le Marrube est composé de deux mots hébreux : mar, rob, suc amer.

2.3.1. Localisation et répartition

Elle pousse dans toute l'Afrique du Nord et presque dans toute l'Europe, au centre et au Sud-ouest de l'Asie et au Canaries. Elle est naturalisée dans l'Amérique du Nord et dans l'Amérique du Sud (Bonnier, 1909).

2.3.2. Composition chimique

On y trouve des diterpènes amers de la série des furanolabdanes et surtout des composés de lactones : marrubiine principalement et son précurseur préfuranique, la prémarrubiine, mais aussi du pérégrinol, du vulgarol, du marrubénol et du marrubiol. Il y a également des Hétérosides flavoniques du quercétol, de la lurtéoline ou de l'apigénine, mais aussi des lactoylflavones, et quelques dérivés de l'acide ursolique.

En outre il y a des tanins spécifiques des Lamiacées et dérivés de l'acide hydroxycinnamique (juste à 7%) (Acide cholorogénique, caféique, caféylquinique, mais absence d'acide rosmarinique). Toutefois la présence d'une faible quantité d'huiles essentielles comportant différents composés monotérpéniques (mois de 1% : α-pinène, camphène, lomonène) (Wichtl et Anton, 2003).

2.3.3. Utilisation

Dans l'Égypte de la haute Antiquité, le Marrube blanc était déjà reconnu pour ses propriétés apaisantes contre la toux. On s'en servait également comme insectifuge et comme antidote contre plusieurs poisons. Les Grecs de l'Antiquité l'utilisaient contre les morsures de chiens enragés. En médecine ayurvédique (Inde), chez les aborigènes d'Australie et les Amérindiens d'Amérique du Nord, le Marrube servait à traiter les infections des voies respiratoires.

John Gerard, herboriste élisabéthain du XVIe siècle, le recommandait contre les sifflements respiratoires.

Nicholas Culpepper, médecin herboriste anglais du XVIIe siècle, le disait souverain pour traiter la coqueluche.

Jusqu'en 1900, la pharmacopée des États-Unis reconnaissait l'usage du Marrube pour traiter les infections des voies respiratoires. Comme elles sont désormais traitées à l'aide d'antibiotiques, cet usage du Marrube est tombé en désuétude, du moins en Amérique du Nord. La Food and Drug Administration (FDA) américaine a interdit l'usage de la plante comme ingrédient dans les remèdes contre la toux en raison de l'absence d'essais cliniques sur les humains. Cependant, en Europe, la plante est toujours inscrite dans les pharmacopées nationales : on y fabrique des sirops et de pastilles qui en renferment. Ces produits se retrouvent d'ailleurs sur les étagères des pharmacies et des magasins de produits naturels aux États-Unis et au Canada.

Selon la commission allemande, elle est utilisée dans le traitement des dyspepsies et la perte d'appétit. Selon la commission européenne elle est efficace dans les cas de bronchites, les catarrhes des voies respiratoires, les dyspepsies et la perte d'appétit.

Cette plante est traditionnellement utilisée dans le traitement symptomatique de la toux et au cours des affections bronchiques aigues et bénignes. Elle est considérée comme expectorante et fluidicatrice des sécrétions bronchiques en cas de toux productive. Elle donne des résultats satisfaisants dans le cas des bronchites et les inflammations de la gorge, elle pourrait être antispasmodique et tonique amer.

Selon les populations anciennes, le Marrube aurait une action hypoglycémiante (Roman et *al.*, 1992, Novaes et *al.*, 2001). Cependant, les résultats d'un essai conduit récemment au Mexique sur 43 sujets diabétiques qui résistaient au traitement classique révèlent que le Marrube n'a pas eu d'effet significatif sur la glycémie (Herrera et *al.*, 2004). La prudence s'impose tout de même pour l'heure. Il n'y a pas eu sur le Marrube d'essais cliniques en double aveugle. Ses usages sont des usages traditionnels bien établis et des études pharmacologiques sur l'animal.

2.3.4. Formes d'utilisations et posologies

La quantité par jour correspond à 4.5g de drogue. La duré du traitement est en moyenne de 2 semaines.
- Les tisanes (3 tasses par jour, matin, midi et soir avant les repas) sont préparées à partir d'une infusion de 1,5g de drogue dans 150 ml d'eau bouillante pendant 10 minutes.

Les Teinture: 7.5 ml 3 fois par jour, matin, midi et soir avant les repas.

Poudre totale cryobroyée : 1 gélule, matin, midi et soir avant les repas. Possible de prendre jusqu'à 5 gélules par jour.

Extrait sec : Quantité d'extrait correspondant à 4.5g de drogue par jour. Soit 2 gélules par jour (Raynaud, 2007).

2.3.5. Contre-indications et effets indésirables

On recommande généralement aux femmes enceintes d'éviter le Marrube blanc parce que, selon la Commission Européenne, la plante stimulerait l'utérus et pourrait avoir une action abortive. Selon la même source (Commission Européenne) le Marrube ne possède jusqu'à présent aucun effet indésirable

Les vertus curatives de l'espèce *Marrubium vulgare* sont sans doute liées à l'existence de certaines substances chimiques dans la totalité da la plante.

3. MATERIEL ET METHODES

3.1. Matériel utilisé
3.1.1. Matériel végétal

Le matériel végétal utilisé dans cette étude expérimentale est une espèce végétale appartenant à la famille des Lamiacées *Marrubium vulgare* (Figure n°2), sa taxonomie et toutes les données la concernant ont été détaillées précédemment.

L'organe végétal choisi pour la réalisation des expérimentations de cette étude est la feuille puisque c'est à son niveau que se trouve la majorité des principales substances actives, en d'autre terme, c'est le lieu de synthèse et de la mise en réserve temporaire des principaux composés du métabolisme primaire et secondaire.

Figure n°2 : Vue générale de la plante de *Marrubium vulgare* prise à partir du site d'étude.

3.1.1.1. Site de prélèvement

Les échantillons de la plante ont été prélevés à partir d'un site de la Daïra de Chefia situé à

36°48'40.49''Nord et 8° 07'01.88''Est. Le site fait partie de la wilaya d'El Tarf qui appartient à un milieu tempéré avec un climat méditerranéen caractérisé par une saison humide et une saison sèche.

L'analyse des températures moyennes relatives montrent que les températures maximales s'observent en été au mois d'Août pouvant atteindre 50 C° et les températures minimales au mois de janvier et février avec environ 5 à 6 mois de gelée blanche par an. Les précipitations varient entre 770-1200mm (moyenne annuelle), avec une répartition variable d'un mois à l'autre. Ce facteur climatique est étroitement lié à la température atmosphérique et cela de manière réversible. Elle atteint son maximum au mois de janvier et son minimum est enregistré au mois d'Août (Station de Ain Assel).

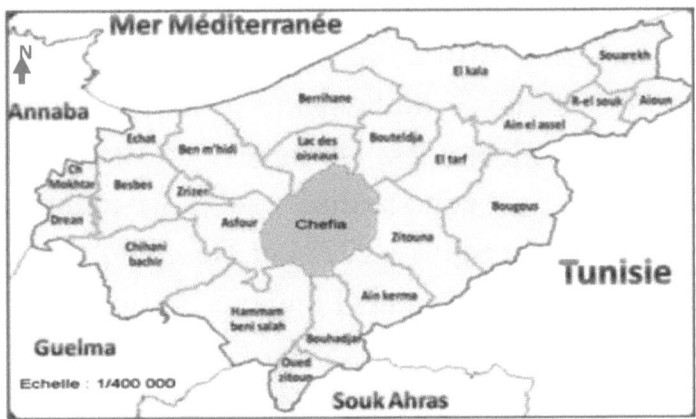

Figure n° 3: Localisation géographique de la zone d'étude (Daïra de Chefia, wilaya d'El Taref).

3.1.1.2. Séchage

Les plantes prélevées tôt le matin et au moment du débourrement sont placées dans des sacs en tissus puis transportées immédiatement au laboratoire en vue du séchage et des analyses. Les feuilles sont soumises à un rinçage à l'eau de robinet pour éliminer les impuretés puis étendues en couches minces, à bonne aération pendant deux semaines.

Une fois séchées, les feuilles sont soumises à un broyage manuel afin d'obtenir une poudre prête à l'emploi. La drogue obtenue est conservée dans des flacons en verre ambré en vue des expérimentations.

3.2. Méthode suivies

3.2.1. Tests biochimiques préliminaires

Un screening chimique ayant pour but la mise en évidence des différents métabolites secondaires : saponines, tanins, anthocyanes, leuco-anthocyanes, flavonoides, alcaloïdes, terpènes et stérols et les cardinolides a été réalisé selon des méthodes standardisées de Solfo, (1973) et Bouquet, (1972). Les détails sont présentés dans l'annexe 1.

3.2.2. Préparation de l'extrait brut méthanolique

La drogue (50g) est macérée dans 1000 ml de mélange méthanol/eau (7:3 V/V) sous agitation douce pendant une nuit à température ambiante. L'extrait hydroalcoolique est récupéré dans un premier temps après filtration du mélange à l'aide de papier filtre. Le mélange méthanol/eau est éliminé du filtrat par évaporation sous pression réduite dans un rotavapeur permettant ainsi d'obtenir un résidu caractérisé par une couleur brune foncée qui est ensuite repris par 5 ml de méthanol. Le résidu obtenu est conservé par congélation.

3.2.3. Dosage des composés phénoliques totaux

Les composés phénoliques totaux ont été estimés selon la méthode colorimétrique basée sur le réactif de Folin Ciocalteu (Singleton et *al.*, 1999). Le réactif est formé d'acide phosphotungestique ($H_3PW_{12}O_{40}$) et d'acide phosphomolybdique ($H_3PM_{o12}O_4$) qui sont réduits lors de l'oxydation des composés phénoliques en oxydes bleus de tungstène (W_8O_{23}) et de molybdène ($M_{o8}O_3$).

Pour cela 100 µl de l'extrait brut méthanolique sont mélangés à 200 µl du réactif de Folin et 3,16 ml de H_2O. Le mélange est incubé à température ambiante pendant 3 minutes. Ensuite 600 µl de la solution carbonate de sodium (Na_2CO_3) anhydre 20 % sont ajoutés au mélange. Les composés phénoliques totaux sont déterminés à l'aide d'un spectrophotomètre à UV (Ultra Violets) visible après 2 heures d'incubation à température ambiante par mesure de l'absorbance à une longueur d'onde de 765 nm. On prépare dans les mêmes conditions un témoin avec de l'eau distillée à la place de la solution de l'extrait brut. La quantification est faite selon une gamme-étalon établie dans les mêmes conditions avec de l'acide gallique (0 à 100 µg/ml). Les résultats sont exprimés en équivalent d'acide gallique par ml d'extrait.

3.2.4. Extraction des flavonoides

L'extraction des flavonoides a été réalisée selon la méthode de Charaux et Paris (1954) cité in (Paris, 1954). C'est une méthode universelle qui consiste à stabiliser une masse égale à 10g de drogue séchée pendant une heure dans 200 ml d'éthanol à une température de 96°C.

Après filtration et séchage, la drogue est pulvérisée grossièrement puis épuisée à l'aide d'un appareil de Soxhlet par 200 ml d'éthanol portés à une température de 96°C pendant 4 heures. Après une macération de 12 à 24 heures, les deux solutions éthanoliques sont réunies et évaporées sous pression réduite. Le résidu est repris par 20 ml d'eau bouillante, la solution aqueuse obtenue est laissée au repos pendant 24 heures. Enfin, la liqueur est épuisée dans une ampoule à décantation en trois étapes successives par l'éther, l'acétate d'éthyle et n-butanol.

Selon Solfo, (1973), les composés flavonoiques ne passent pas dans l'éther, ils sont à l'état de traces dans l'acétate d'éthyle et seul le composé butanolique en contient une quantité susceptible d'être étudiée. L'extrait butanolique est ensuite évaporé à l'aide d'un évaporateur rotatif réglé à une température de 30°C. Le résidu est ensuite conservé à une température de 4°C.

Les différentes étapes de l'extraction des flavonoides sont représentées dans la figure suivante (Figure n°4):

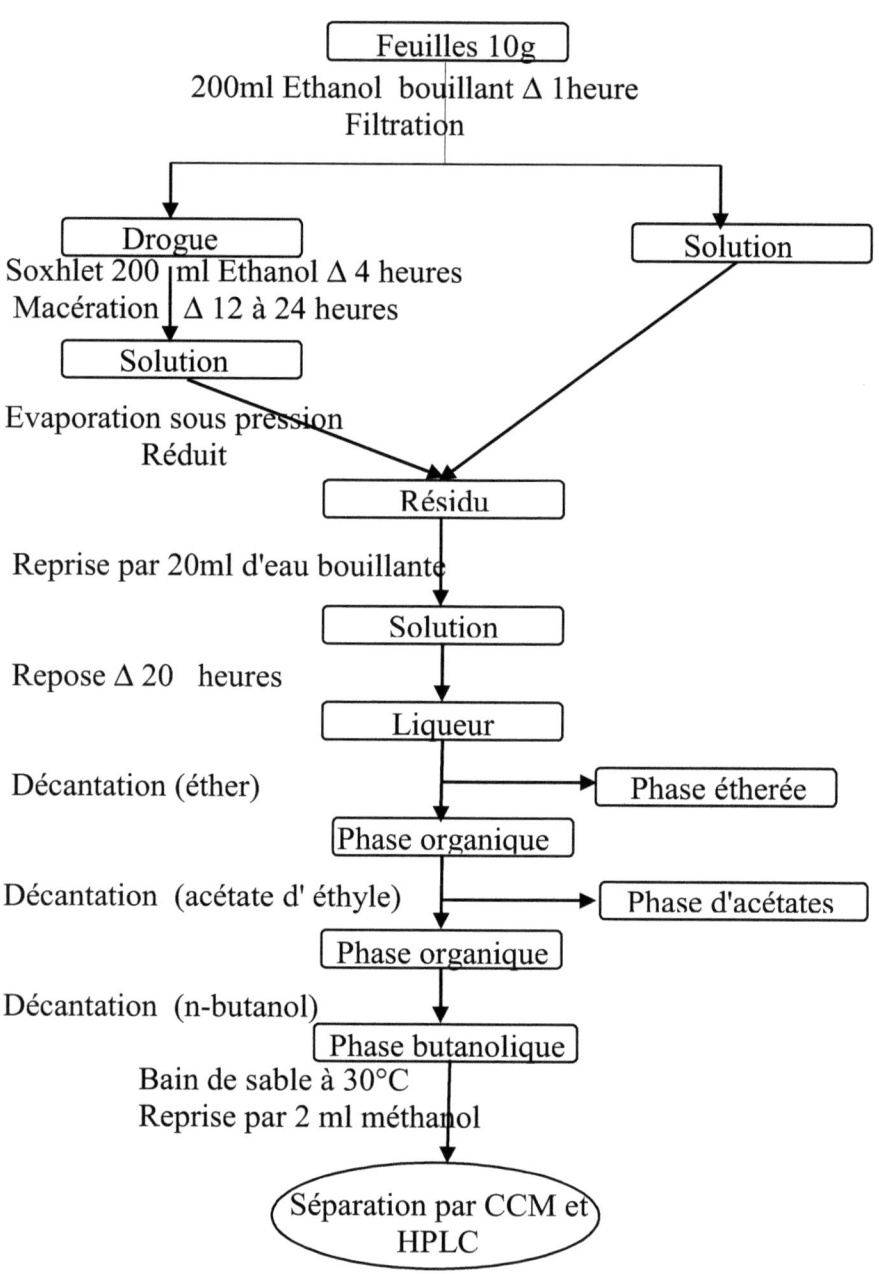

Figure n°4: Schéma des différentes étapes suivies lors de l'extraction des flavonoides.

3.2.5. Extraction des tanins

Nous avons suivi la méthode de Sowunmi et *al.*, (2000) qui consiste à faire macérer 50g de drogue séchée pendant 24 heures sous agitation magnétique dans un mélange d'éthanol et d'eau bouillante (200ml/500ml). Après filtration La liqueur obtenue est épuisée dans une ampoule à décantation plusieurs fois par le chloroforme. Après l'évaporation de la phase organique, le résidu est repris par 10 ml de méthanol à 1 % puis conservé au réfrigérateur à une température de 4°C. Les différentes étapes de l'extraction des tanins sont représentées dans la figure suivante (Figure n°5):

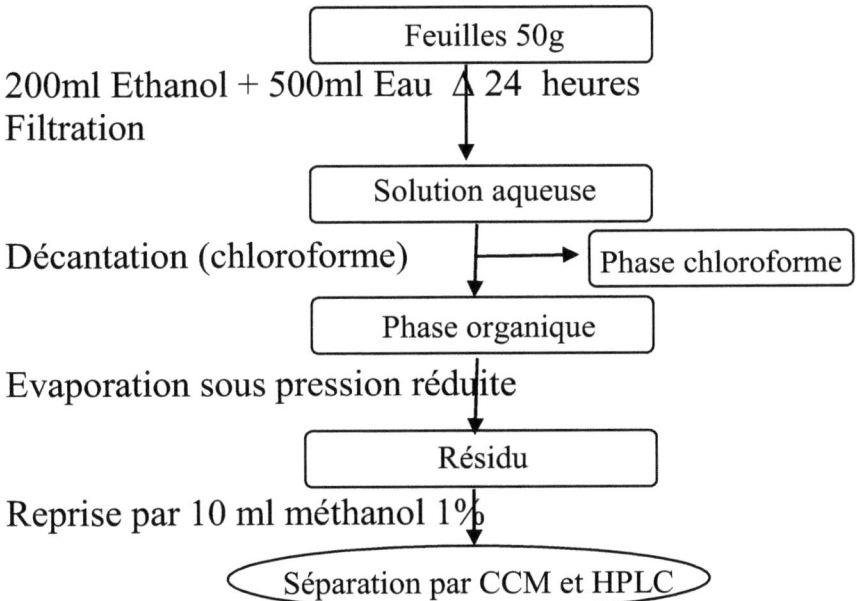

Figure n°5: Schéma des différentes étapes suivies lors de l'extraction des tanins.

3.2.6. Séparation des flavonoides par Chromatographie sur Couche Mince (CCM)

Par ses faibles contraintes techniques, son emploi simple et son coût modeste, la CCM est un outil de choix pour l'analyse phytochimique de routine d'extraits bruts, de fractions, ainsi que de produits purs isolés. De ce fait nous avons opté pour cette technique dans le but de caractériser les produits purs isolés des feuilles. La séparation repose sur les mécanismes d'absorption, de partage ou d'échange d'ions ou sur une combinaison de ces mécanismes, et elle s'effectue par migration (développement) de solutés à travers la couche mince (phase stationnaire) dans un solvant ou un mélange de solvants approprié (phase mobile) (Wichtl et Anton, 2003).

Les flavonoïdes extraits ont été séparés par Chromatographie sur Couche Mince dont la phase mobile choisie est un mélange d'Acétate d'éthyle, de méthanol et d'eau (5V/2V/1V).

La révélation est faite sous une lampe à UV (Ultra Violets) qui met en évidence la présence des flavonoides. La confirmation de la présence des flavonoides à été réalisée par l'ajout de Chlorure d'aluminium ($AlCl_3$) à 2 % préparé dans le méthanol à

95°. Le chlorure d'aluminium provoque le changement de la couleur des taches obtenues.

3.2.7. Séparation des tanins par Chromatographie sur Couche Mince (CCM)

Après une série d'essais réalisée dans le but d'une recherche d'un éluant favorable pour la séparation des différents composants des tanins de *Marrubium vulgare*, nous avons opté pour l'Acétate d'éthyle qui nous semble comme étant le meilleur éluant.

La séparation est effectuée par dépôt de spots circulaires d'environ 2 mm de diamètre sur la plaque de CCM à partir de la solution diluée à analyser (50 µl de l'extrait obtenu dissous dans 350 µl de méthanol (CH_3OH) à 1%).

Comme pour les flavonoides, les rapports frontaux (Rf) ont été calculés après révélation des taches sous UV par le Chlorure d'aluminium ($AlCl_3$) à 2 %.

3.2.8. Analyse des extraits par chromatographie liquide à haute performance (HPLC)

Les analyses par HPLC sont effectuées à l'aide d'un appareil SHIMADZU 20A équipé d'une pompe de chromatographie liquide de haute pression (IC-20 AD) muni d'un détecteur UV à deutérium (SPD-20A). Les analyses sont réalisées en phase reverse avec une colonne C18 (5 µm, 250 x 4,6 mm) (SGE, Australie). La température est maintenue à 25 °C et le volume d'injection choisi était 20 µl. Les solvants utilisés sont de qualité HPLC et le débit est fixé à 0,4 ml/min. les conditions chromatographiques consistent en un gradient éthanol pour l'extrait brut et les flavonoides, 2-propanol pour les tanins. Le détecteur UV est réglé sur les signaux 200 nanomètres pour l'extrait brut méthanolique et les flavonoides et 210 nanomètre pour les tanins.

4. RESULTATS
4.1. Tests biochimiques préliminaires

Les résultats expérimentaux de la mise en évidence des métabolites secondaires sont mentionnés dans le tableau n°2.

Tableau n°2: Métabolites secondaires mis en évidence au niveau des feuilles de *Marrubium vulgare*.

Principes actifs	Présence ou absence
Saponines	(+)
Tanins Catéchiques	(+)
Tanins galliques	(-)
Anthocyanes	(+)
Leuco-anthocyanes	(-)
Flavonoides	(+)

Alcaloïdes	(-)
Terpènes et Stérols	(+)
Cardinolides	(-)

(+) Présence   (-) Absence

Le tableau montre la composition globale de la feuille de *Marrubium vulgare*. Cette dernière renferme cinq composés du métabolisme secondaires : saponines, tanins catéchiques, les anthocyanes, les flavonoides, les terpènes et stérols. Le screening chimique réalisé a montré également l'absence de quatre principes actifs dont l'importance en phytothérapie est non négligeable tels que, les alcaloïdes, les tanins galliques, les cardinolides et les leuco-anthocyanes.

4.2. Rendement de l'extrait brut méthanolique

L'extrait brut méthanolique isolé à été quantifié selon la formule :

$$R\% = PEB/PMV \times 100$$

R : rendement
PEB : poids de l'extrait brut méthanolique (g)
PMV : poids de matière végétale (g)

Les valeurs obtenues sont représentées dans le tableau suivant (Tableau n°3):

Tableau n°3: Pourcentage de l'extrait brut méthanolique des feuilles de *Marrubium vulgare*.

Extrait brut Drogue végétale	Poids de l'extrait (g)	Pourcentage de l'extrait (%)
Drogue foliaire	12,17 g	24,34 %

La préparation de l'extrait brut méthanolique de la drogue a donné un rendement de l'ordre de 12,17 g, ce qui correspond à un pourcentage de 24,34 %. D'une manière générale, les teneurs en extraits secs varient non seulement d'une plante à une autre de la même famille mais également en fonction des paramètres de l'extraction solide-liquide des polyphénols, le solvant d'extraction, la taille des particules et le coefficient de diffusion de solvant.

En plus de ces aspects quantitatives, quelque soit la méthode d'extraction appliquée, elle doit tenir compte de la qualité d'extrait, autrement dit de la bioactivité de ces principes actifs. Dans la présente étude, la méthode de macération sous agitation permet d'accélérer le processus d'extraction et de minimiser le temps de contact du solvant avec l'extrait tout en préservant la bioactivité de ses constituants. De même, le déroulement de cette extraction à température ambiante ainsi que l'épuisement du solvant à pression réduite permet d'obtenir le maximum des composés et de prévenir leur dénaturation ou modification probable dues aux températures élevées utilisées dans d'autres méthodes d'extraction.

4.3. Teneur des composés phénoliques totaux dans l'extrait brut méthanolique

La teneur en composés phénoliques obtenus à partir de l'extrait brut méthanolique à été estimée grâce à une courbe d'étalonnage, réalisée avec un extrait de référence, l'acide gallique à différentes concentrations. Les résultats sont exprimés en mg équivalent en acide gallique par ml d'extrait (mg EAG/ml d'extrait). La courbe d'étalonnage est établie avec un coefficient de corrélation $R^2 = 0,99$ (figure n°6).

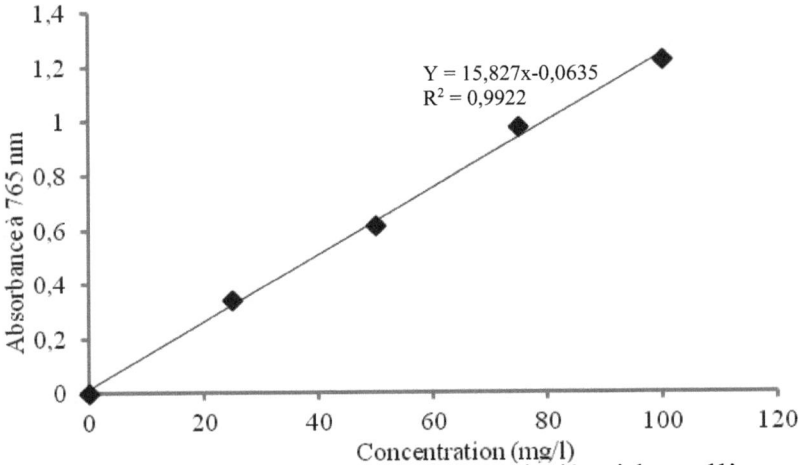

Figure n°6: Courbe d'étalonnage de l'acide gallique.

Tableau n°4: Résultats de la teneur en composés phénoliques totaux de l'extrait brut méthanolique de *Marrubium vulgare*.

	Teneur en composés phénoliques (mg EAG/ml d'extrait)
Extrait brut	17,08 ±0,52

Les résultats de dosage de phénols totaux révèlent que l'extrait brut méthanolique de l'espèce *Marrubium vulgare*. contient une teneur de l'ordre de 17,08 mg équivalent acide gallique par ml d'extrait (mg EAG/ml d'extrait).

4.4. Teneur en flavonoides

Le rendement des flavonoïdes au niveau des feuilles est de l'ordre de 0,59g, ce qui correspond à un pourcentage égal à 5,9 % (Figure n°7).

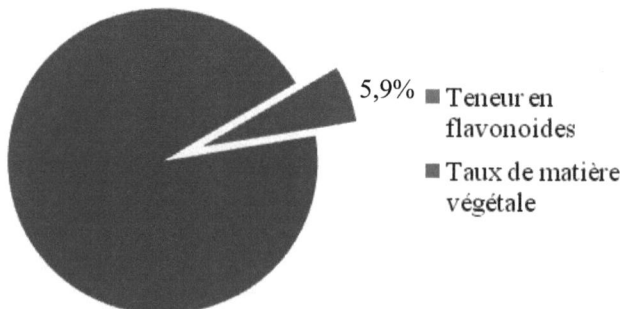

Figure n°7: Rendement en flavonoides des feuilles de *Marrubium vulgare*.

L'utilisation de solvants à polarités différentes permet de séparer les composés contenus dans les feuilles selon leur degré de solubilité dans le solvant d'extraction et donc permet de séparer ses flavonoïdes selon leur degré de glycosylation (flavonoïdes aglycones, mono, di et triglycosylés). Cette méthode d'extraction menée à température ambiante permet d'extraire le maximum de composés et de prévenir leur dénaturation ou modification probable dues aux températures élevées utilisées dans d'autres méthodes d'extraction.

4.5. Teneur en tanins

Le rendement des tanins au niveau de la drogue des feuilles est exprimé en pourcentage. Le chiffre calculé semble élevé, il est de l'ordre de 11,44 % (figure n°8). L'espèce de *Marrubium vulgare* étudiée renferme en plus des flavonoides, des quantités assez importantes de tanins.

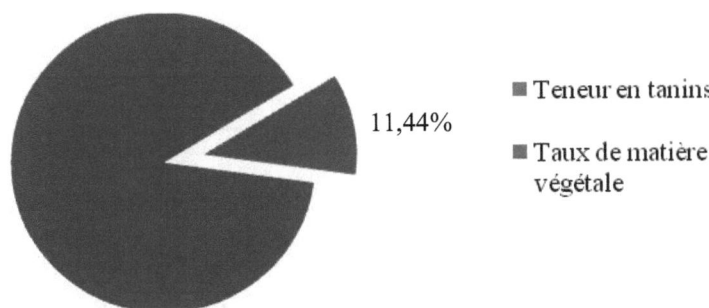

Figure n°8: Rendement en tanins des feuilles de *Marrubium vulgare*.

4.6. Chromatographie sur couche mince des flavonoides

L'analyse par chromatographie sur couche mince et l'observation des chromatogrammes de l'extrait flavonoidique sont effectuées sous une lampe à UV à 254 nm et 366 nm. Le système de migration constitué d'Acétate d'éthyle, de méthanol et d'eau (5V/2V/1V), a permis d'avoir une très bonne séparation chromatographique et une visibilité acceptable des taches. Les taches et les fluorescences observées nous informent, après révélation des chromatogrammes avec AlCl3, sur la présence de flavonoides. Les résultats obtenus sont résumés dans le tableau n°5.

Tableau n°5: Rapports frontaux et couleurs des taches avant et après ajout du chlorure d'aluminium.

Tache	Rapports frontaux (RF)	Couleur	
		Avant ajout d'AlCl$_3$	Après ajout d'AlCl$_3$
Tache 1	0,64	Brune	Jaune
Tache 2	0,88	Brune	Ocre

L'analyse par Chromatographie sur Couche Mince (CCM) a décelé deux taches de couleur brune ayant pour rapports frontaux 0,64 et 0,88. L'action du chlorure d'aluminium (AlCl$_3$) sur les taches obtenues a révèle deux couleurs différentes, jaune et ocre. Ces couleurs indiquent la présence de composés flavonoiques

4.7. Chromatographie sur couche mince des tanins

Tableau n°6: Rapports frontaux et couleurs des taches avant et après ajout du chlorure d'aluminium.

Tache	Rapports frontaux (RF)	Couleur	
		Avant ajout	Après ajout
Tache	0,47	Brune	jaune pâle
Tache	0,70	Brune	Jaune
Tache	0,80	Brune	Verte
Tache	0,88	Brune	Verte

Les taches obtenues sont au nombre de quatre avec des rapports frontaux compris entre 0,47 et 0,88, toutes de couleur brune. L'ajout du réactif de chlorure d'Aluminium $AlCl_3$ a provoqué une modification de la couleur des taches. Les couleurs ont viré du brun au jaune pale, jaune et vert. Ces différentes couleurs obtenues confirment la nature des molécules tanniques.

4.8. Résultats des analyses par HPLC des différents extraits : extrait brut méthanolique, extrait flavonoidique, extrait tannique

Les résultats obtenus sont illustrés dans les trois chromatogrammes qui sont présentés dans les figures suivantes :

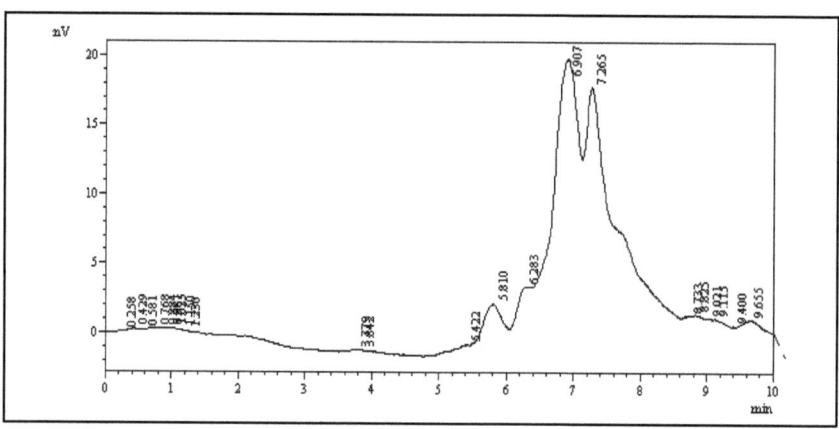

Figure n°9: Chromatogramme HPLC de l'extrait brut méthanolique de *Marrubium vulgare*.

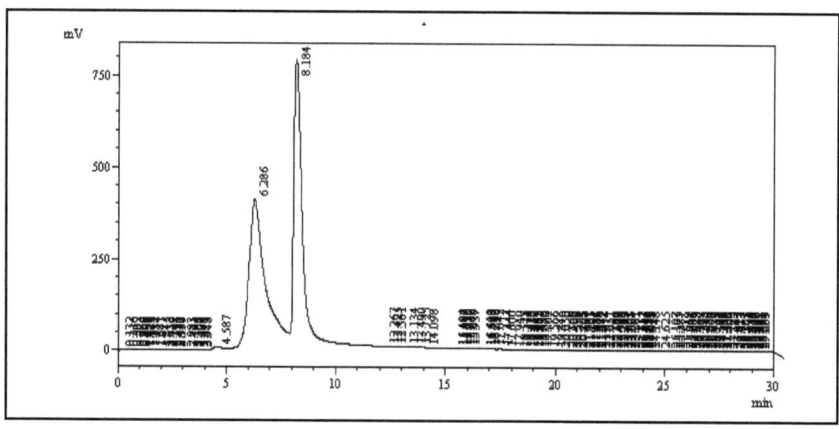

Figure n°10: Chromatogramme HPLC de l'extrait flavonoidique de *Marrubium vulgare*.

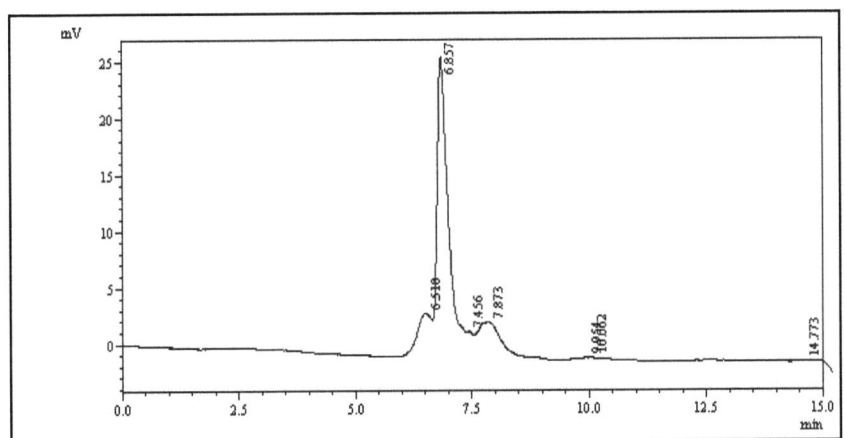

Figure n°11: Chromatogramme HPLC de l'extrait tannique de *Marrubium vulgare*.

Les profils HPLC représentés ci-dessus montrent des composés mentionnés par leurs pics et leurs temps de rétention dans les spectres des trois extraits étudiés. Les résultats détaillés sont présentés dans l'annexe 4.

Le chromatogramme de l'extrait brut méthanolique est divisé en trois parties distinctes : la première de 0,258 à 5,422 min, la deuxième s'étale entre 5,422 et 8,852 min et la troisième située à 9,021min de temps de rétention. Le profil révèle la présence de quatre pics majeurs avec des temps de rétention variant entre 5,810 et 7,265 min.

L'extrait flavonoidique est représenté par un chromatogramme divisé également en trois partie dont les pics majoritaires sont au nombre de deux et ayant des temps de rétention de 6,286 et 8,184 min. Le même composé majeur, celui représenté par le pic 6, 286 min est retrouvé également dans l'extrait brut méthanolique.

Le chromatogramme de l'extrait tannique est moins étoffé en molécules tanniques, il est représenté par cinq pics entre 6,5 et 15 min dont un pic majoritaire avec un temps de rétention de 6,857 min.

5. DISCUSSION

La teneur en polyphénol au niveau des feuilles de la plante *Marrubium vulgare* testée est de 17,08 %. Ces polyphénols renferment un taux de 5,9 % de flavonoïdes et un taux plus élevé de tanins avec 11,44 %. La chromatographie sur couche mince nous a permis de détecter deux grandes familles de composés flavonoïdiques. Cette même technique de séparation a décelé la présence de quatre catégories de composés tanniques s'agissant probablement de tanins catéchiques d'après la révélation à l'aide de réactifs spécifiques. La même composition a été retrouvée chez la même espèce dans des travaux antérieurs réalisés récemment par Moussaid et *al.*, (2012), Elberry et *al.*, (2011) et Warda et *al.*, (2009).

Un rendement de 39,2% de l'extrait brut a été obtenu à partir de la partie aérienne de la même espèce lors d'une étude entreprise par Kanyonga et *al.*, (2011). C'est un pourcentage nettement supérieur à celui obtenu dans notre cas (24,34 %). Ceci pourrait être du à la technique utilisée par l'auteur (extraction par soxhlet) et sous une température de 70 °C), ce qui n'est pas le cas dans notre étude où l'extraction est réalisée à froid par simple macération. En fait, Su et *al.*, (2006) ont rapporté que le rendement des extractions aqueuses augmente avec la température. En effet, l'eau à haute température provoque la perturbation des cellules facilitant la pénétration du solvant et la solubilisation des molécules (Albano et Miguel, 2011). Pour ce qui est de la teneur en polyphénols du *Marrubium vulgare*, des résultats différents ont été obtenus à partir des organes végétatifs de la même espèce de *Marrubium vulgare*. Un taux de 18, 21mg EAG/ml d'extrait a été avancé par Boudjelal, (2012). Une teneur extrêmement importante en composés phénoliques totaux de *Marrubium vulgare* a été notée lors d'une étude menée par Matkowski et Piotrowska, (2006). Cette variabilité dans les résultats pourrait être liée aux conditions climatiques du biotope de l'espèce ou aux différentes méthodes suivies lors de l'extraction. Par ailleurs, les courbes HPLC obtenus montrent l'existence de composés majoritaires dans les trois extraits testés. Un composé représenté par le même pic avec le même temps de rétention est retrouvé à la fois dans l'extrait brut méthanolique et l'extrait flavonoidique. Nous tenons à signaler que par manque de matériel adéquat, nous n'avons pas pu compléter l'analyse qualitative de nos extraits. Toutefois, nous remarquons que les résultats de la CCM et l'HPLC traduisent une concordance plus ou moins parfaite quant à l'analyse quantitative exprimée en nombre de composés majeurs au niveau des extraits.

6. CONCLUSION

Les tests biochimiques des feuilles de cette espèce ont mis en évidence la présence des principes actifs du métabolisme secondaire tels que : les Flavonoides, Tanins, Saponosides, Anthocyanes, Terpènes et stérols et l'absence des Alcaloïdes, Cardinolides et Leuco-anthocyanes.

Un rendement de 17,08 (mg EAG/ml d'extrait) de polyphénols totaux, 5,9% de flavonoïdes contenant 134 composés dont deux majeurs, 11,44% de tanins constitués de 17 composés dont quatre majeurs. Ces différents composés du métabolisme secondaire sont probablement responsables des différentes activités biologiques de la plante.

CHAPITRE II

ACTIVITE ANTIMICROBIENNE

1. INTRODUCTION

La maîtrise des infections bactériennes devient complexe du fait que de nombreuses bactéries ont développé une résistance à la plupart des antibiotiques ce qui a constitué un problème de santé important à l'échelle mondiale. Suite à cette préoccupation concernant les effets indésirables des molécules synthétiques destinées à la lutte contre les infections bactériennes, il semble donc important de trouver une alternative à l'utilisation des antibiotiques classiques.

Les remèdes à base de plantes constituent une alternative dans les systèmes de soins primaires et donc, une voie prometteuse pour le développement des médicaments traditionnellement améliorés. Récemment, beaucoup de chercheurs s'intéressent aux plantes médicinales pour leur richesse en antioxydants naturels à savoir les polyphénols, les flavonoides, les tanins, …etc. qui possèdent des activités antimicrobiennes. De ce fait, l'exploitation de nouvelles molécules bioactives ayant des effets secondaires limités ou inexistants depuis des sources naturelles et leur adoption comme une alternative thérapeutique aux molécules synthétiques sont devenues des objectifs prioritaires pour les recherches scientifiques et les industries alimentaires et pharmaceutiques.

Les polyphénols sont doués d'activités antimicrobiennes importantes et diverses, probablement du à leurs diversités structurales. Les sites et le nombre des groupes hydroxyles sur les groupes phénoliques sont supposés être reliés à leur relative toxicité envers les microorganismes, avec l'évidence que le taux d'hydroxylation est directement proportionnel à la toxicité (Cowan, 1999). Il a été aussi rapporté que plus les composés phénoliques sont oxydés et plus ils sont inhibiteurs des microorganismes (Scalbert, 1991).

Les flavane-3-ols, les flavonols et les tanins ont reçu plus d'attention du à leur large spectre et forte activité antimicrobienne par rapport aux autres polyphénols, à leur capacité de supprimer un nombre de facteurs de virulence microbienne telle que l'inhibition de la formation de biofilms, la réduction de l'adhésion aux ligands de l'hôte et la neutralisation des toxines bactériennes ainsi qu'à leur capacité d'établir une synergie avec certains antibiotiques (Daglia, 2011).

La quercétine et la naringénine sont rapportés être des inhibiteurs de *Bacillus subtilis, Candida albicans,*

Escherichia coli, Staphylococcus nervous, Staphylococcus epidermis et *Saccharomyces cerevisiae* (Sandhar et *al.,* 2011). En outre, la morine-3-O-lyxoside, morine-3-O-arabinoside et la quercétine-3-O-arabinoside possèdent une action bactériostatique sur les bactéries pathogènes contaminant les denrées alimentaires y compris *Bacillus stearothermophilus, Brochothrix thermosphacta, Escherichia coli, Listeria monocytogenes, Pseudomonas fluorescens, Salmonella enteric, Staphyloccus aureus* et *Vibrio cholera.* Les flavonones ayant un groupement de sucre ont aussi montré une activité antimicrobienne, tandis que certaines flavonolignanes n'ont montré aucune activité inhibitrice envers les microorganismes (Sandhar et *al.,* 2011).

C'est dans cette optique que nous envisageons dans ce présent travail, l'étude de l'activité antimicrobienne des différents extraits isolés à partir des feuilles de *Marrubium vulgare* et de mettre en évidence leur pouvoir inhibiteur vis-à-vis des germes pathogènes pour l'homme.

2. MATERIEL ET METHODES

2.1. Matériel Utilisé

2.1.1. Extraits de *Marrubium vulgare*

Deux extraits ont été testés dans cette partie, un extrait flavonoidique et un extrait tannique. Les méthodes d'extraction sont présentées dans le chapitre I. Les solutions des extraits sont préparées dans le Dimethyl sulfoxide ou DMSO. Les dilutions sont préparées de façon à obtenir des concentrations au ½ et ¼ à partir de la solution mère.

2.1.2. Souches bactériennes

Neuf souches bactériennes (Tableau n°7) ont été choisies pour leur haute pathogénicité et leur multi résistance. Ce sont des espèces Gram négatif /ou Gram positif, pathogènes et responsables d'infections graves chez l'homme et dont la plupart sont résistantes aux antibiotiques. Elles sont activées à 37 °C par repiquage sur milieu gélosé Muller-Hinton (MH).

Tableau n°7: Liste des souches bactériennes étudiées.

Famille	Genre et espèce		Gram
Enterobacteriacées	*Escherichia coli* *Escherichia coli* *Escherichia coli* *Escherichia coli*	12 1429 1554 ATCC 25922	Négatif

Enterobacteriacées	*Klebsiella pneumoniae* -	Négatif
Enterobacteriacées	*Proteus mirabilis* -	Négatif
Staphylococcacées	*Staphylococcus aureus* -	Positif
Pseudomonadacées	*Pseudomonas aeruginosa* 7244 *Pseudomonas aeruginosa* ATCC 27853	Négatif

2.1.3. Souches fongiques

L'activité antifongique a été évaluée à travers neuf souches fongiques (Tableau n°8) dont la plupart de ces souches proviennent d'un laboratoire d'analyses médicales Ibn Rochd - Ghardaia, les autres souches appartiennent à la collection de la mycothèque du laboratoire de mycologie de l'hôpital de Ibn Sinna - Annaba. Ce sont des principaux producteurs de mycotoxines. Elles sont activées par repiquage sur la gélose de Sabouraud favorable à la croissance des espèces fongiques pendant 24 heures à l'obscurité à 37 °C.

Tableau n°8: Liste des souches fongiques étudiées.

Famille	Genre et espèce
Arthrodermatacées	*Trichophyton rubrum* *Trichophyton mentagrophytes* *Trichophyton verrucosum* *Trichophyton soudanense*
Arthrodermatacées	*Epidermophyton floccosum*
Tremellacées	*Cryptococcus neoformans*

Trichocomacées	*Aspergillus niger*
Saccharomycetacées	*Candida albicans*
	Candida parapsilosis

2.1.4. Molécules de références : antibiotique et antifongiques

L'antibiotique utilisé est la Rifampicine à 5µg. C'est une molécule de semi-synthèse ayant une structure macrolide. Cette substance présente un point de fusion élevé de 183-188 °C, elle est soluble dans l'eau à pH 7 (Ganescu et *al.*, 2002). Elle a une excellente activité sur les germes Gram positif (Staphylocoques et Entérocoques). En Algérie, la rifampicine est réservée au traitement de la tuberculose (Ganescu et *al.*, 2002, Couraud et *al.*, 2006, Yala et *al.*, 2001).

Le premier antifongique utilisé est la substance active Miconazole 10µg, appartenant à la famille des Imidazoles. Il est utilisé à large spectre pour le traitement des infections fongiques. Son spectre d'activité comprend les genres *Candida*, *Trychophyton*, *Aspergillus* et *Malassezia* (Bossche et *al.*, 2003). L'activite antifongique du miconazole repose sur deux mécanismes complémentaires : Une activité fongistatique (Fromtling, 1988) et Une activité fongicide (Barasch et Griffin, 2008, Quatresooz et *al.*, 2008).

- Propriétés physico-chimiques de miconazole
Le miconazole a été le premier imidazole bien absorbé par voie orale. Il est caractérisé chimiquement par un noyau dioxolanne et un noyau pipérazine. Il s'agit d'une poudre complètement insoluble dans les solvants organiques : polyéthylène glycol, alcools, chloroforme, diméthylformamide, dimethylsulfoxide. Il est hygroscopique et se conservent plus d'un an à plus 4°C. Les molécules sont généralement lipophiliques (Lalla et *al.*, 2010, Van Cutsem et thienpont, 1972).

La deuxième molécule porte le nom de Griséofulvine 10µg; c'est un produit de métabolisme de *Penicillium* spp. ayant une action fongistatique (Develoux, 2001). Il a été le premier agent efficace dans le traitement des dermatophyties depuis plus de quarante ans.

- Propriétés physico-chimiques de la griséofulvine
La griséofulvine se présente sous forme d'une poudre blanche cristalline de saveur amère. Pratiquement insoluble dans l'eau, elle est facilement soluble dans l'alcool et les solvants organiques. Elle est chimiquement stable à la température du laboratoire et à l'abri de la lumière. Son poids moléculaire est de 352,8 g (Vanden et *al.*, 2003).

2.2. Méthode suivies

2.2.1 Etude de l'activité antibactérienne et antifongique

Le pouvoir antifongique et antibactérien des deux substances naturelles extraites des feuilles de *Marrubium vulgare* a été déterminé sur deux milieux différents : gélose de Muller Hinton et gélose de Sabouraud. Pour ce faire, nous avons utilisé la technique de diffusion sur milieu solide (Nair et Chanda, 2005, Perez et *al.*, 1990). C'est une méthode similaire à celle de l'antibiogramme qui consiste à déterminer la sensibilité d'une souche microbienne vis-à-vis d'un ou de plusieurs produits.

Un disque imprégné du composé à tester est placé sur le milieu Muller-Hinton préalablement inoculée avec la souche, s'humidifie et le produit diffuse radialement du disque dans la gélose en formant ainsi un gradient de concentration. Après un temps de latence ou incubation à 37°C, si la molécule est toxique pour l'espèce microbienne, il se forme une zone ou un halo autour du disque. Plus grande est cette zone, plus l'espèce est sensible. Cette zone claire ou halo montre l'inhibition voire même la destruction du germe et évalue l'efficacité du produit testé. Des disques témoins imprégnés d'eau, d'antibiotique ou d'antifongique sont inclus dans les essais. L'expérimentation a été réalisée en triplicata.

Des tests préliminaires ont été réalisés avec le DMSO afin de vérifier son effet sur les souches microbiennes étudiées.

3. RESULTATS

3.1. Activité antibactérienne de l'extrait flavonoidique

Les résultats des différents tests de l'activité antibactérienne des Flavonoides (Flv) sont présentés dans les tableaux n°9 et 10.

Tableau n°9: Activité antibactérienne de l'extrait flavonoidique sur milieu Mueller-Hinton (mm).

Souches	Milieu Mueller-Hinton				
	Flv	Flv (½)	Flv (¼)	Eau	Rif 5µg
E.Coli 12	38	14	10	00	00
E.Coli 1429	34	40	32	00	42
E.Coli 1554	40	38	38	00	54
E.Coli ATCC 25922	22	12	12	00	12
K. pneumonia	38	34	32	00	38
Pro. mirabilis	32	36	38	00	42
Staph. aureus	00	12	14	00	12
Pse. aerugi 7244	04	12	06	00	00
Pse.aeugi ATCC 27853	30	34	40	00	42

Les valeurs représentent la moyenne ($n=3$)

Tableau n°10: Activité antibactérienne de l'extrait flavonoidique sur milieu Sabouraud (mm).

Souches	Milieu Sabouraud				
	Flv	Flv (½)	Flv (¼)	Eau	Rif 5µg
E.Coli 12	38	06	04	00	00
E.Coli 1429	34	40	42	00	26
E.Coli 1554	00	02	04	00	44
E.Coli ATCC 25922	00	02	06	00	08
K.pneumonia	38	38	38	00	54
Pro. mirabilis	38	38	34	00	42
Staph. aureus	00	04	06	00	44
Pse. aerugi 7244	38	08	08	00	08
Pse.aerugi ATCC 27853	34	40	42	00	52

Les valeurs représentent la moyenne ($n=3$)

Le pouvoir antibactérien est plus ou moins important selon la nature de la souche et le milieu de culture utilisé. Les tests montre une grande hétérogénéité dans les résultats. Les trois souches *E. Coli* 12, *Pseudomonas aeruginosa* 7244 et *E.Coli* ATCC 25922 semblent être plus sensibles aux deux concentrations (1/2 et 1/4), les chiffres sont dans tous les cas meilleurs que ceux obtenus avec la rifampicine. Les diamètres des zones d'inhibition sont compris entre 10 et 38 mm pour *E. Coli* 12, 04 à 12 mm pour *Pseudomonas aeruginosa* 7244 et 12 à 22 mm pour *E.Coli* ATCC 25922 sur milieu MH. Le germe *Proteus mirabilis*, semble très sensible aux extraits flavonoidiques ainsi qu'à la rifampicine et ce, dans les deux milieux de culture. Les zones d'inhibition s'échelonnent entre 32 mm et 38 mm.

Quant à la souche *Staphylococcus aureus,* elle semble très résistante à la solution mère de l'extrait flavonoidique (00 mm) mais plus sensibles aux faibles concentrations (12 et 14 mm sur MH et 4 et 6 mm sur Sabouraud). Des valeurs similaires ont été notées avec la rifampicine avec cependant une inhibition plus prononcée sur milieu Sabouraud. La souche *E.coli* ATCC 25922, s'avère la plus résistante que les autres souches d'*E.coli*. Les zones d'inhibition ne dépassent pas les 22 mm sur MH et les 6 mm sur Sabouraud. Cette résistance est notée également avec la rifampicine.

3.2. Activité antifongique de l'extrait flavonoidique
Les résultats des différents tests de l'activité antifongique des Flavonoides sur les deux milieux de cultures (MH et Sabouraud) sont regroupés dans les tableaux n°11 et 12.

Tableau n°11 : Activité antifongique de l'extrait flavonoidique sur milieu Mueller-Hinton (mm).

Souches	Milieu Mueller-Hinton					
	Flv	Flv (½)	Flv (¼)	Eau	Mic 10µg	Gri 10µg
Ep. floccosum	11	08	10	00	22	00
T. rubrum	13	12	11		14	00
T. mentagrophytes	12	12	12		14	00
T. verrucosum	06	08	08		00	00
T. soudanense	09	10	11		00	00
A. niger	08	09	08		26	00
C. albicans	12	13	13		24	0,8
C. parapsilosis	07	08	07		16	00
Cr. neoformans	09	10	11		18	00

Les valeurs représentent la moyenne (*n*=3)

Tableau n°12 : Activité antifongique de l'extrait flavonoidique sur milieu Sabouraud (mm).

Souches	Milieu Sabouraud					
	Flv	Flv ½	Flv ¼	Eau	Mic 10µg	Gri 10µg
Ep. floccosum	16	14	13	00	22	10
T. rubrum	21	20	26		20	10
T. mentagrophytes	13	05	10		00	00
T. verrucosum	07	12	14		00	00
T. soudanense	15	22	20		00	00
A. niger	12	11	03		32	00
C. albicans	09	11	03		30	08
C. parapsilosis	15	13	08		44	00
Cr. neoformans	11	20	13		00	00

Les valeurs représentent la moyenne (*n*=3)

Les tableaux montrent clairement qu'il y a une grande variabilité dans les résultats obtenus. Les souches fongiques utilisées ont réagi plus ou moins bien selon la nature et la concentration du produit végétal, les diamètres des zones d'inhibition sont compris entre 3 et 26 mm.

Des zones d'inhibition plus importantes comprises entre 06 et 08 mm sur milieu MH et 07 à 14 mm ont été enregistrées sur milieu Sabouraud pour la souche *Trichophyton verrucosum*. Une activité antifongique dépassant celle provoquée par *Trichophyton verrucosum* à été décelée en présence de *Trichophyton soudanense* (09 et 11 mm sur milieu MH et 15 et 22 mm sur milieu Sabouraud). Cet effet est souvent plus accru que celui enregistré en présence des antifongique miconazole et griseofulvine. Les deux espèces *Candida albicans* et *Candida parapsilosis* semblent plus affectées en présence des deux produits hémisynthétiques, miconazole et griséofulvine par comparaison avec les valeurs obtenues en présence des extraits naturels.

3.3. Activité antibactérienne de l'extrait tannique
Les résultats des différents tests réalisés avec les souches bactériennes utilisées vis-à-vis des tanins (Tan) sur les deux milieux de culture (MH et

Sabouraud) sont regroupés dans les tableaux n°13 et 14.

Tableau n°13: Activité antibactérienne de l'extrait tannique sur milieu Mueller-Hinton (mm).

Souches	Milieu Mueller-Hinton				
	Tan	Tan (½)	Tan (¼)	Eau	Rif 5µg
E.Coli 12	04	12	16	00	00
E.Coli 1429	26	26	28	00	42
E.Coli 1554	30	26	30	00	54
E.Coli ATCC 25922	22	14	04	00	12
K pneumonia	34	28	28	00	38
Proteus mirabilis	32	34	28	00	42
Staph. aureus	14	08	10	00	12
Pse. aerugi 7244	04	08	08	00	00
Pse. aerugi ATCC 27853	30	28	40	00	42

Les valeurs représentent la moyenne (*n*=3)

Tableau n°14: Activité antibactérienne de l'extrait tannique sur milieu Sabouraud (mm).

Souches	Milieu Sabouraud				
	Tan	Tan (½)	Tan (¼)	Eau	Rif 5µg
E.Coli 12	10	11	11	00	00
E.Coli 1429	30	24	38	00	26
E.Coli 1554	04	04	06	00	44
E.Coli ATCC 25922	08	10	08	00	08
K. pneumonia	28	26	32	00	54
Proteus mirabilis	28	28	30	00	42
Staph. aureus	02	12	12	00	44
Pse. aerugi 7244	10	12	16	00	08
Pse. aerugi ATCC 27853	34	24	28	00	52

Les valeurs représentent la moyenne (*n*=3)

L'extrait tannique montre un effet inhibiteur assez élevé sur *Pseudomonas aeruginosa* ATCC 27853, *Klebsiella pneumonia*, *Proteus mirabilis* et *Escherichia coli* 1429 et ce, à toutes les concentrations utilisées. La bactérie *Staphylococcus aureus* semble la moins affectée en présence de toutes les concentrations tanniques. Cependant, elle s'est révélée sensible à l'effet de la rifampicine et notamment lorsqu'elle est cultivée sur gélose de Sabouraud. Il est à signaler que la deuxième espèce de *Pseudomonas aeruginosa* 7244 est plus persistante sous l'effet des tanins et de l'antibiotique avec une meilleure réponse vis-à-vis des extraits tanniques.

3.4. Activité antifongique de l'extrait tannique

Les résultats des différents tests de l'activité antifongique des tanins sur les deux milieux de cultures (MH et Sabouraud) sont regroupés dans les tableaux n°15 et 16.

Tableau n°15: Activité antifongique de l'extrait tannique sur milieu Mueller-Hinton (mm).

Souches	Milieu Mueller-Hinton					
	Tan	Tan (½)	Tan (¼)	Eau	Mic 10µg	Gri 10µg
Ep. floccosum	20	18	17	00	22	00
T. rubrum	17	11	09	00	14	00
T. mentagrophytes	24	19	16	00	14	00

T. verrucosum	06	05	07		00	00
T. soudanense	12	11	12		00	00
A. niger	11	08	08		26	00
C. albicans	12	09	07		24	0,8
C. parapsilosis	07	07	07		16	00
Cr. neoformans	09	07	07		18	00

Les valeurs représentent la moyenne (*n*=3)

Tableau n°16: Activité antifongique de l'extrait tannique sur milieu Sabouraud (mm).

Souches	Milieu Sabouraud					
	Tan	Tan ½	Tan ¼	Eau	Mic 10µg	Gri 10µg
Ep. floccosum	29	29	21		22	10
T. rubrum	27	22	23		20	10
T. mentagrophytes	18	08	15		00	00
T. verrucosum	19	14	10		00	00
T. soudanense	19	15	14	00	00	00
A. niger	19	15	05		32	00
C. albicans	13	09	13		30	08
C. parapsilosis	29	13	12		44	00
Cr. neoformans	22	12	13		00	00

Les valeurs représentent la moyenne (*n*=3)

Globalement, l'extrait tannique des feuilles de l'espèce végétale *Marrubium vulgare* semblent être plus efficace que l'extrait flavonoidique envers les souches fongiques testées. Les diamètres des zones d'inhibition des tanins sur les deux milieux de culture sont plus élevés que ceux obtenus avec les flavonoides. Les zones d'inhibitions sont comprises entre 05 et 29 mm contre 3 et 26 mm pour les flavonoides.

Parmi toutes les souches, les meilleures zones d'inhibition ont été obtenues avec la solution mère des tanins sur les deux milieux de culture et dépassent souvent celles enregistrées avec les tanins dilués au ½ et ¼. Le produit hémisynthétique (Griséofulvine) ne semble pas avoir une influence sur le développement des espèces fongiques étudiées. Toutefois, l'autre antifongique chimique (Miconazole) montre une activité meilleure. Pour certaines espèces telles que *Candida albicans, Candida parapsilopsis, Aspergillus niger*, les diamètres inhibés varient entre 16 mm et 44 mm.

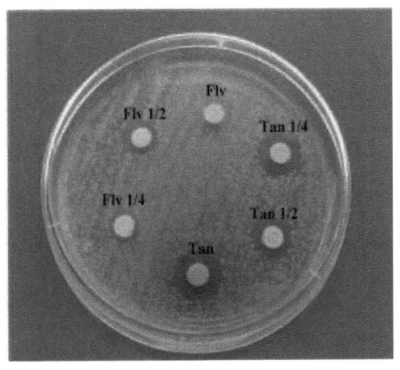 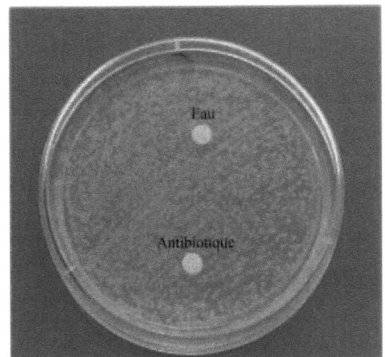

A　　　　　　　　　　B

Figure n°12: Exemples de l'activité antibactérienne des extraits testés : cas d'*E.coli*12.

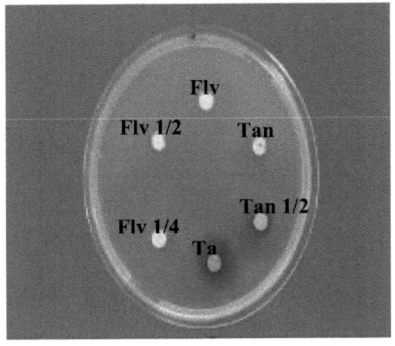 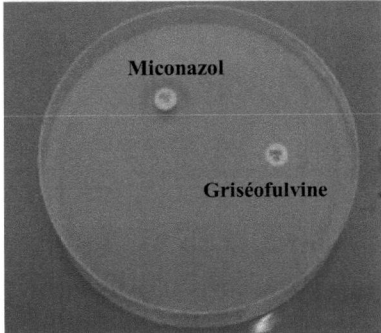

C　　　　　　　　　　D

Figure n°13: Exemples de l'activité antifongique des extraits testés : cas de *Trichophyton mentagrophytes*.

A et C :*Boite contenant les extrait de Marrubium vulgare. **B** : Boite contenant l'antibiotique la rifampicine et témoin eau. **D**: Boite contenant les antifongiques Miconazole et Griséofulvine.*

4. DISCUSSION

Les résultats obtenus confirment une fois de plus l'efficacité des extraits des plantes médicinales et leur pouvoir antiseptique qui vient rivaliser celui des antibiotiques. De nombreux travaux soulignent cet effet antibactérien des principes actifs naturels. En effet, Mubashir et *al*., (2009) signalent que l'extrait aqueux des feuilles de l'espèce *Marrubium vulgare* exerce une forte activité inhibitrice sur les souches de *Staphylococcus aureus* MTCC 740, *Staphylococcus epidermidis* MTCC 435 et une activité de degré moindre sur *Proteus vulgaris* MTCC 426 et *E.coli* MTCC 443.

Dans notre cas, les flavonoides et les tanins n'exercent qu'une activité faible à modérée sur *staphylococcus aureus* ainsi que sur *Escherichia coli* mais ils sont efficaces contre *Proteus mirabilis*. En effet d'après Kanyonga et *al*., (2011), l'espèce *Proteus mirabilis* ne réagit pas de la même manière face aux différents composés polyphénoliques de *Marrubium vulgare* ; elle est sensible aux tanins et résistante à l'extrait brut méthanolique. Par ailleurs, des résultats similaires ont été obtenus par Ulukanli et Akkaya (2011). En ce qui concerne le *Staphylococcus aureus* à partir de l'extrait de la partie aérienne d'une autre espèce de *Marrubium* : *Marrubium catariifolium.*

Selon Doss et *al*., (2009), les tanins exercent un effet bactériostatique sur différentes souches et notamment sur *E.Coli, Staphylococcus aureus* et *Pseudomonas aeruginosa*. En effet, notre extrait tannique provoque un fort pouvoir antibactérien sur *Pseudomonas aeruginosa* ATCC 27853, *Klebsiella pneumonia*, *Proteus mirabilis* et *Escherichia coli* 1429 D'autre part, La souche *E.coli* ATCC 25922 qui parait dans notre cas moyennement sensible aux tanins, a fait l'objet d'une étude entreprise par Edziri et *al*., (2007) signalant une sensibilité assez élevée envers l'extrait éthanolique des feuilles d'une autre espèce de *Marrubium* (*Marrubium alysson*).

Du fait que la principale cible de ces composés naturels est la membrane bactérienne, l'activité antibactérienne des substances naturelles s'explique par la lyse de ces membranes. Les huiles essentielles, flavonoides, alcaloïdes voire même les tanins pourraient induire une fuite d'ions potassium au niveau de la membrane et par voie de conséquences des lésions irréversibles au niveau de cette membrane. Cette perméabilité au potassium est un effet précurseur de leur mort (Rhayour, 2002).

Les recherches réalisées sur l'activité antifongique des extraits naturels isolés des plantes, sont relativement peu nombreuses, notamment vis-à-vis de la plupart des souches telles que *Trichophyton rubrum*, *Trichophyton mentagrophytes*, *Trichophyton verrucosum*, *Trichophyton soudanense*, *Epidermophyton floccosum*, *Cryptococcus neoformans*. En ce qui concerne les autres espèces telle que : *Candida albicans*, nos résultats confirment l'efficience des extraits du genre *Marrubium* et viennent appuyer les résultats publiés par Kanyonga et *al*., (2011), Zarai et *al*., (2011), Sarac et Ugur, (2007) et Khalil et *al*., (2009).

Cette variabilité des résultats de l'activité biologique des extraits végétaux peut dépendre du contenu en composés polyphénoliques. Les mécanismes d'action des composés naturels sont expliqués de différente manière selon les auteurs. Selon Chabot et *al*., (1992), l'activité antimicrobienne est liée à la polarité des substances bioactives. Les composés les moins polaires comme les flavonoides n'ayant pas de groupement hydroxyle OH sur leur cycle B sont plus actifs vis-à-vis des agents microbiens que ceux portant le groupement hydroxyle. D'autre part, Mori et *al*., (1987) ont trouvé que les flavonoïdes trihydroxylés 3',4',5' sur le cycle B et substitués 3-OH sont nécessaires pour l'activité antimicrobienne. Les travaux antérieurs de Sarker *et al.,* (2005), montrent également que l'effet d'un extrait est probablement due à la synergie entre le nombre de composants, qui, lorsqu'ils sont séparés deviennent inactifs individuellement.Ceci est interprété par le fait que les plantes produisent une variété énorme de petites molécules antibiotiques ayant un large spectre de structures telles que les térpénoïdes, les glycostéroïdes, les flavonoïdes et les polyphénols (Seidel, 2005). Cependant, la plupart de ces petites molécules ont une faible activité antibiotique par rapport aux antibiotiques communs produits par les bactéries et les champignons.

Si l'on se réfère aux études de Moussaid et *al.*, (2012), l'activité des principes actifs serait liée aux conditions de séchage et de broyage de la plante. D'autre part, Il semble également que le broyage avec nitrogène liquide soit recommandé, car le broyage est aussi à l'origine de la génération de la chaleur responsable de la perte des molécules volatiles ainsi que la décomposition et l'oxydation des molécules thermolabiles (Jones et Kinghorn, 2005).

5. CONCLUSION

De l'activité bactéricide évaluée par les tests *in vitro*, il ressort que les flavonoides et les tanins possèdent un pouvoir antibactérien important sur les germes multirésistants responsables des maladies infectieuses. L'inhibition de la croissance varie en fonction de l'espèce bactérienne, de la nature et de la concentration du produit testé et aussi du milieu de culture. D'une manière globale, les flavonoides semblent plus efficaces sur les bactéries que les tanins. De toutes les souches testées, cinq d'entre elles (*E.Coli.*12, *E.Coli* ATCC 25922, *Staphylococcus*, *E.Coli* 1429 et *Psoeudomonas* 7244) se sont montrées très sensibles vis-à-vis de ces principes actifs. Les zones d'inhibition enregistrées dépassent le plus souvent celles provoquées par l'antibiotique, la rifampicine.

Les tanins quant à eux, ils se sont avérés plus efficaces sur les souches fongiques. Les plus fortes zones d'inhibition sont obtenues avec *Epidermophyton floccosum* et *Candida parapsilosis* sur milieu Sabouraud.

CHAPITRE III

ACTIVITE ANTIOXYDANTE

1. INTRODUCTION

Le métabolisme normal de l'organisme (Respiration, Alimentation) mais aussi le stress et la pollution génèrent à chaque instant dans l'organisme des molécules qu'on appelle espèces réactives de l'oxygène (ERO). Ces ERO peuvent être des radicaux libres ou donner naissance à des radicaux libres par interaction avec des molécules biologiques (Protéines, ADN, Lipides). Les ERO et les radicaux libres sont des intermédiaires indispensables à l'organisme où ils sont impliqués dans des processus physiologiques à des faibles quantités. Cependant, l'excès de la production des ERO peut devenir toxique pour les composants majeurs de la cellule, les lipides, les protéines et les acides nucléiques, et donne lieu au stress oxydatif qui sera impliqué dans diverses pathologies à savoir les maladies neurodégénératives (Alzheimer, Parkinson), le diabète, les cancers, les maladies inflammatoires, le vieillissement,…etc. Les cellules utilisent de nombreuses stratégies antioxydantes pour éliminer ou minimiser le dommage oxydatif. Selon le type, les antioxydants peuvent agir en réduisant ou en dismutant les ERO, en les piégeant pour former un composé stable, en séquestrant les métaux de transition libres ou en générant des molécules biologiques antioxydantes d'importance. Sous certaines conditions, ces systèmes antioxydants ne peuvent pas fonctionner efficacement. Cependant, la dysfonction antioxydante qui en résulte peut être manipulée par la supplémentation en antioxydants exogènes alimentaires, soit naturels ou de synthèse. L'utilisation de ces derniers est restreinte en raison des effets indésirables sur la santé humaine.

Ces dernières années, l'intérêt porté aux antioxydants naturels, en relation avec leurs propriétés thérapeutiques, a augmenté considérablement. Des recherches scientifiques. dans diverses spécialités ont été développées pour l'extraction, l'identification et la quantification de ces composés à partir de plusieurs substances naturelles à savoir, les plantes médicinales et les produits agroalimentaires (Popovici et *al.*, 2009) .

Plusieurs études épidémiologiques ont montré qu'il y a un rapport inverse entre la prise d'aliments riches en polyphénols (Fruits et Légumes) et le risque des maladies reliées à l'âge comme les maladies neurodégénératives (Hu, 2003, Bubonja-Sonje et *al.*, 2011). Cette relation est souvent attribuée aux puissantes activités anti-oxydantes des flavonoïdes et d'autres polyphénols associées à leurs propriétés redox permettant d'éliminer les effets d'espèces réactives de l'oxygène (Ketsawatsakul et *al.,* 2000) ainsi que de chélater les différents métaux de transition (Gulcin et al., 2010).

Les polyphénols agissent contre la peroxydation lipidique de deux façons: par la protection des lipides ciblent contre les initiateurs de l'oxydation ou par stabulation de la phase de propagation. Dans le premier cas, les antioxydants dits préventifs entravent la formation des ERO ou éliminent les espèces réactives responsables de l'initiation de l'oxydation comme $O{\cdot}_2$, $1O_2$ et OH. Dans le second cas, les antioxydants dits briseurs de chaine perdent généralement un atome d'hydrogène en faveur des radicaux propagateurs de l'oxydation (LOO$\cdot$) pour stopper la propagation de la peroxydation (Laguerre, 2007).

Les flavonoïdes sont de puissants antioxydants vis-à-vis des radicaux libres dus à leur propriété de donation d'atomes d'hydrogène disponibles dans les substituants hydroxyles de leurs groupes phénoliques (Sandhar et al., 2011). Leur capacité de donation d'hydrogène augmente avec l'augmentation de l'hydroxylation de leurs cycles phénoliques. Cette caractéristique structurale peut être observée dans les flavonoles comme le kaempférol quercétine et myricétine ou l'activité antioxydante est croissante en fonction du nombre des groupements OH dans la molécule.

En plus, les flavonoïdes sont des inhibiteurs des enzymes impliquées dans la production des ERO. En effet, Sandhar et *al.,* (2011) ont rapporté que les flavonoles quercétine, kaempferol et galangine, ainsi que le flavone apigénine sont des inhibiteurs des enzymes du cytochrome P450 impliquées dans la production des ERO.

C'est pour toutes ces raisons, que nous nous sommes intéressés à déterminer l'effet antioxydant de l'extrait brut méthanolique, flavonoidique et tannique de *Marrubium vulgare* au travers de certains paramètres le plus couramment utilisés.

2. MATERIEL ET METHODES

Compte tenu de la complexité des processus d'oxydation et la nature diversifiée des antioxydants, avec des composants à la fois hydrophiles et hydrophobes. Plusieurs méthodes sont utilisées pour évaluer, *in vitro* et *in vivo*, l'activité antioxydante par piégeage de radicaux différents, radical libre DPPH (2,2-diphényle-1-picrylhydrazyl), les peroxydes ROO· par les méthodes ORAC (Oxygen Radical Absorbance Capacity) et TRAP (Total Radical-Trapping Antioxidant Parameter) (Ricardo et *al.*, 1991); les ions ferriques par la méthode FRAP (Ferric ion Reducing Antioxidant Parameter) (Benzie et Strain, 1996).

Dans notre cas, les tests d'évaluation du pouvoir antioxydant ont porté sur la réduction du fer ferrique par la méthode FRAP et le piégeage du radical libre par le DPPH en présence de trois extraits de *Marrubium vulgare* : extrait brut méthanolique, extrait flavonoidique et extrait tannique.

2.1. Evaluation de l'effet antioxydant des extraits

2.1.1. Réduction du fer : FRAP (Ferric Reducing Antioxidant Power)

La méthode FRAP est basée sur la réaction de réduction de fer ferrique (Fe^{3+}) présent dans le complexe K3Fe(CN)6 en fer ferreux (Fe^{2+}) par un antioxydant, la réaction est révélée par le virement de la couleur jaune du fer ferrique (Fe^{3+}) à la couleur bleue - vert du fer ferreux (Fe^{2+}). L'intensité de cette coloration est mesurée par spectrophotométrie à 700 nm. Le mécanisme réactionnel de la réduction de fer est expliqué dans la figure suivante :

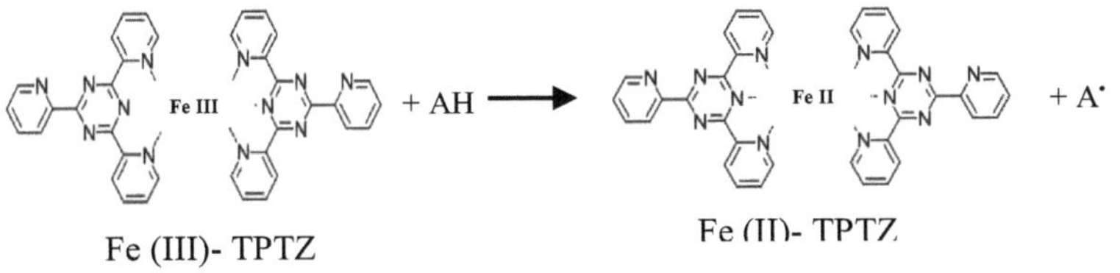

Figure n°14: Mécanisme réactionnel intervenant lors du test FRAP entre le complexe tripyridyltriazine ferrique Fe(III)- TPTZ et un antioxydant (AH).

Pour le test de FRAP, nous avons suivi la technique de (Yildirim et *al*., 2001) qui consiste à prélever 0,5 ml de l'extrait brut méthanolique, flavonoidique et tannique à différentes concentrations et les mélanger avec 1.25 ml d'une solution tampon phosphate à 0,2 M (pH= 6,6) et 1,25 ml d'une solution de ferricyanure de potassium $K_3Fe(CN)_6$ à 1%. Le tout est incubé à 50°C pendant 20 min, puis refroidi à la température ambiante. 2,5 ml d'acide trichloracétique à 10% sont ajoutés pour stopper la réaction, puis les tubes sont centrifugés à 3000 tr/min pendant 10 min. 1,25 ml du surnageant sont ajoutés à 1,25 ml d'eau distillée et 250 µl d'une solution de chlorure de fer ($FeCl_3$, $6H_2O$) à 0,1%. La lecture des absorbances se fait par spectrophotométrie à une longueur d'onde de 700nm. Des témoins de contrôle utilisant l'acide ascorbique sont inclus dans l'expérimentation.

2.1.2. Piégeage du radical libre DPPH (2,2-diphényle-1-picrylhydrazyl)

De point de vue méthodologique, le test du radical libre DPPH est recommandé pour des composés contenant SH, NH et OH groupes (Salah et *al.*, 1995). Il s'effectue à température ambiante, ceci permettant d'éliminer tout risque de dégradation thermique des molécules thermolabiles. Le test est largement utilisé au niveau de l'évolution des extraits hydrophiles très riches en composés phénoliques (Yi-Zhong et *al.*, 2006, Hatzidimitriou et *al.*, 2007).

L'activité antiradicalaire des différents extraits à tester a été déterminée selon la méthode de Sanchez-moreno, (2002) qui utilise le DPPH comme un radical libre relativement stable qui absorbe dans le visible à la longueur d'onde λ de 517 nm.

La technique consiste à mettre le radical libre DPPH (de couleur violette), en présence de l'antioxydant (extrait brut méthanolique, extrait flavonoidique, extrait tannique) va être réduit et vire vers le jaune. Ce changement se traduit par une diminution de l'absorbance. La réaction de DPPH est représentée dans la figure suivante :

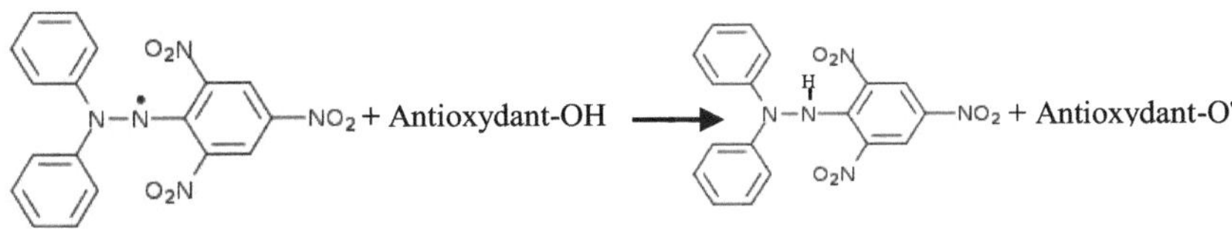

DPPH Radical libre
(Violet)

DPPH-H forme réduite
(Jaune)

Figure n°15: Mécanisme réactionnel intervenant lors du test DPPH entre l'espèce radicalaire DPPH et un antioxydant.

La solution du DPPH est préparée à l'avance par solubilisation de 2,4 mg de DPPH dans 100 ml de méthanol absolu. 25 µl de l'extrait à différentes concentrations sont ajoutés à 975 µl de DPPH. Des solutions d'antioxydant de référence ou acide ascorbique sont également préparées dans les mêmes conditions pour servir de témoin positif. Le témoin négatif est constitué uniquement de DPPH et du méthanol. Le mélange est laissé à l'obscurité pendant 30 min jusqu'à décoloration. Le dosage est réalisé par spectrophotométrie à une longueur d'onde de 517 nm. Pourcentage de l'activité antiradicalaire est estimé selon l'équation ci-dessous :

$$\% \text{ de l'activité antiradicalaire} = [(A1 - A2) / A1] \times 100$$

A1 : Absorbance du témoin négatif sans extrait
A2 : Absorbance en présence de l'extrait.

2.1.2.1. Evaluation du potentiel anti-radicalaire par le calcul de l' IC_{50}

L'IC_{50} (Concentration inhibitrice 50), appelée également EC_{50} (*Efficient concentration 50*), est la concentration de l'échantillon testé nécessaire pour réduire 50% du radical DPPH. Les IC_{50} sont calculés graphiquement par des pourcentages d'inhibition en fonction de différentes concentrations des extraits testés (Torres et *al.*, 2006). Pour toute l'expérimentation, chaque test est réalisé en triplicata et les résultats ont été calculés par la moyenne des trois essais.

3. RESULTATS

3.1. Réduction du fer (FRAP)

Les résultats obtenus sont présentés dans les figures n°16. 17,18 et 19.

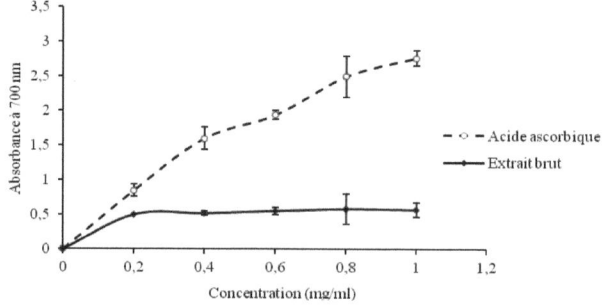

Figure n°16 : Réduction du fer en présence de l'extrait brut méthanolique.

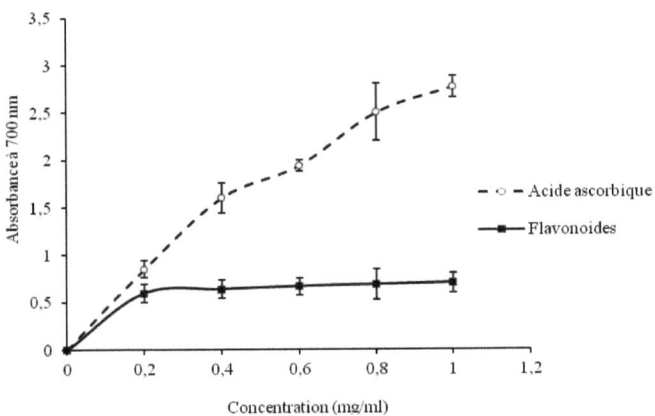

Figure n°17 : Réduction du fer en présence de l'extrait flavonoidique.

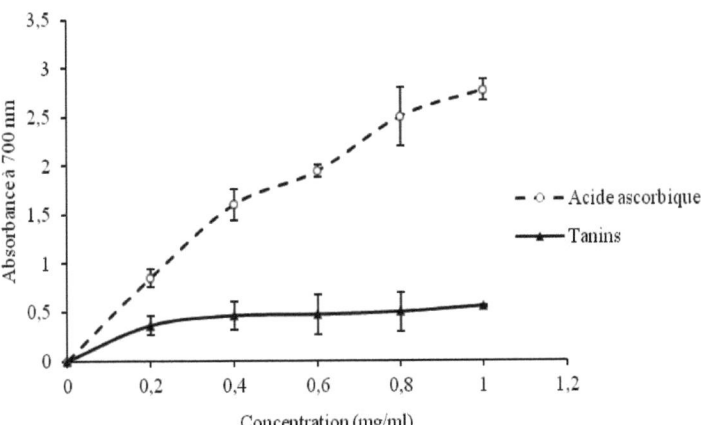

Figure n°18 : Réduction du fer en présence de l'extrait tannique.

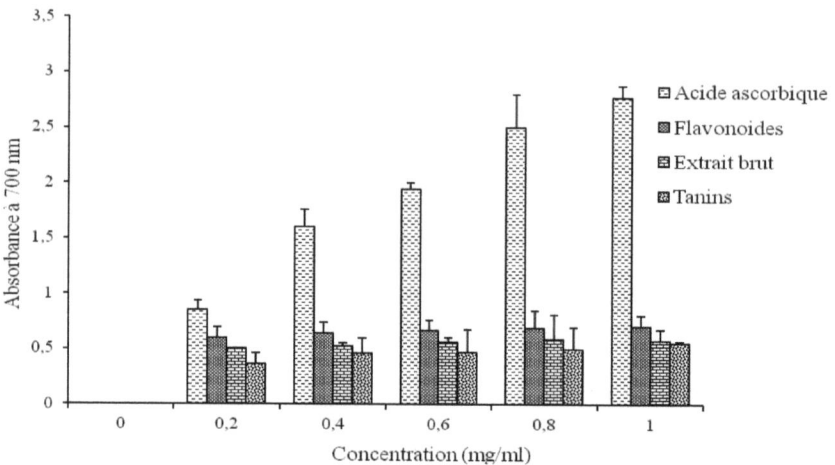

Figure n°19 : Pouvoir antioxydatif de l'extrait brut méthanolique, les flavonoides et les tanins de *Marrubium vulgare*.

Les résultats obtenus dans les figures montrent que la capacité de réduction est proportionnelle à l'augmentation de la concentration des échantillons. Tous les extraits de la plante présentent des activités antioxydantes nettement inférieures à celles du produit de référence (acide ascorbique).

Les flavonoides sont généralement les plus actifs avec une densité optique maximale de 0,704 nm à la concentration 1 mg/ml, suivis de l'extrait brut méthanolique et les tanins avec des absorbances respectives : 0,576 et 0,554 nm.

3.2. Piégeage du radical libre DPPH (2.2-diphényl-1-picrylhydrazyl)

Les pourcentages d'inhibition du radical libre DPPH par les différents extraits sont portés sur les figures 20, 21, 22 et 23.

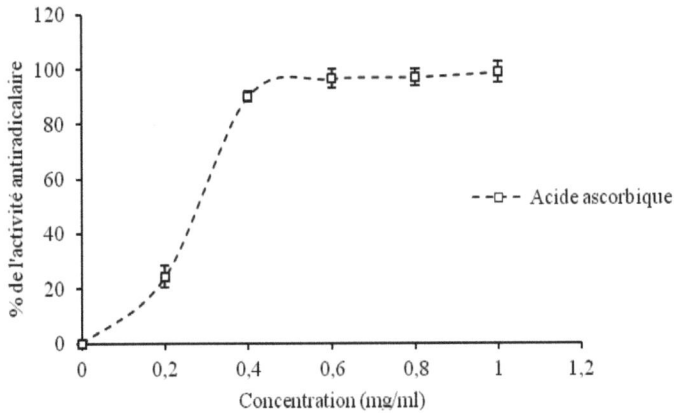

Figure n°20: Pourcentage d'inhibition de DPPH par l'acide ascorbique.

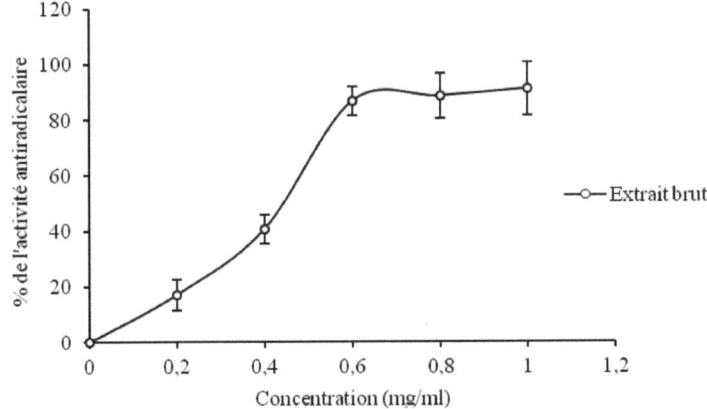

Figure n°21: Pourcentage d'inhibition de DPPH par l'extrait brut méthanolique de *Marrubium vulgare*.

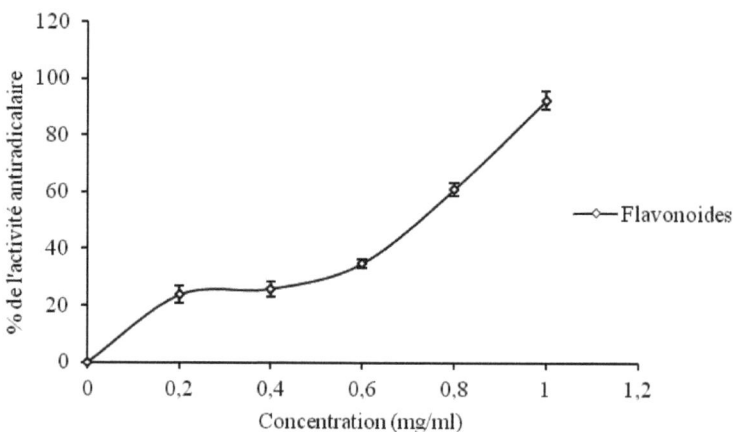

Figure n°22: Pourcentage d'inhibition de DPPH par les flavonoides de *Marrubium vulgare*.

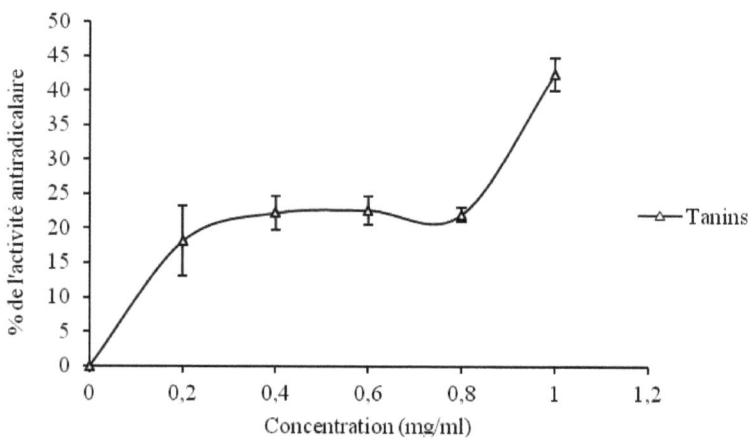

Figure n°23: Pourcentage d'inhibition de DPPH par les tanins de *Marrubium vulgare*.

D'après ces résultats, on remarque que le pourcentage d'inhibition du radical libre augmente avec l'augmentation de la concentration. Les taux d'inhibition du DPPH enregistrés en présence des différents extraits de la plante sont inférieurs à ceux de l'acide ascorbique. L'extrait brut méthanolique semble avoir une activité antioxydante meilleure que celle provoquée par les flavonoides. Les tanins représentent les composés les moins efficients dans l'élimination des radicaux libres.

3.2.1. Evaluation de l'IC$_{50}$

IC$_{50}$ est inversement lié à la capacité antioxydante d'un composé, car il exprime la quantité d'antioxydant requise pour diminuer la concentration du radical libre de 50%. Plus la valeur d'IC$_{50}$ est basse, plus l'activité antioxydante d'un composé est élevé (Pokorny et *al,* 2001). La concentration de l'échantillon nécessaire pour inhiber 50% du DPPH radicalaire, a été calculée par régression linéaire des pourcentages d'inhibition calculés en fonction de différentes concentrations d'extraits préparés.

L'ensemble des extraits révèle des propriétés antiradicalaires intéressantes (notamment l'extrait brut méthanolique) qui se manifeste par des faibles valeurs d'IC_{50}. Les IC_{50} des extraits analysés sont indiquées dans la figure 24.

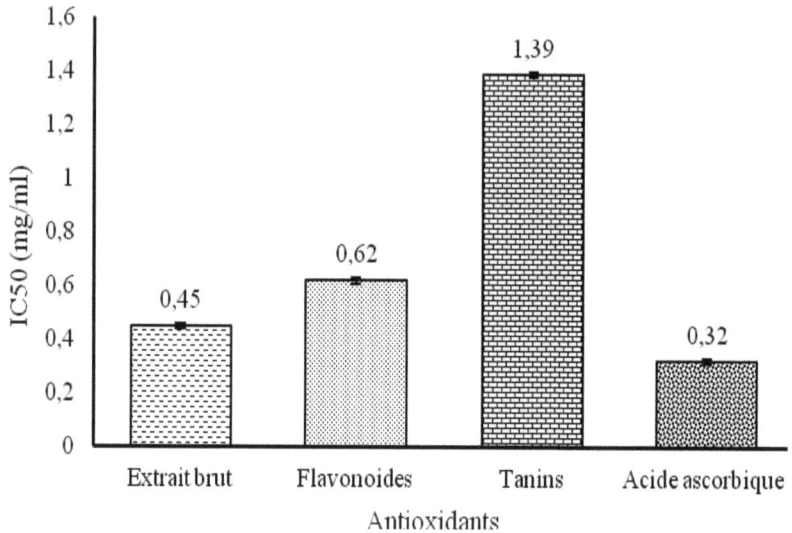

Figure 24: IC_{50} des différents extraits de *Marrubium vulgare* en mg/ml.

D'après l'histogramme illustré dans la figure 24, nous remarquons les valeurs des IC_{50} des extraits s'échelonnent entre 1,39 mg/ml pour les tanins, 0,62 mg/ml obtenus avec les flavonoides et 0,45 mg/ml pour l'extrait brut méthanolique. Un fort pouvoir antiradicalaire est noté pour l'extrait brut se traduisant par un IC50 assez bas, comparable à celui du composé standard l'acide ascorbique

Les extraits de l'espèce végétale *Marrubium vulgare* peuvent être classés par ordre décroissant du pouvoir anti-radicalaire, comme suit : *Extrait brut méthanolique* > *Flavonoides* > *Tanins*.

4. DISCUSSION

De nombreuses études ont évalué l'effet réducteur des ions ferreux par les extraits de diverses plantes. L'étude menée par Jeong et *al*., (2004) montre que le pouvoir réducteur d'un composé peut servir comme un indicateur significatif de son activité antioxydante potentielle. Par ailleurs, Yildirim et *al.,* (2001) indiquent qu'il y a une corrélation directe entre les activités antioxydantes et la puissance de réduction des composants de quelques plantes.

Globalement, les résultats obtenus par piégeage du radical libre DPPH dans le présent travail révèlent que les extraits bruts méthanoliques sont plus actifs que les extraits flavoniques et tanniques, cela est probablement lié à la complexité des extraits bruts en substances polyphénoliques y compris les tanins et les flavonoides et la synergie entre eux pour une meilleure activité antioxydante (Vermerris et Nicholson, 2006).

Nos résultats indiquent que l'extrait brut méthanolique présente une activité remarquable vis-à-vis du piégeage du DPPH avec un IC_{50} de 0,45 mg/ml. Ceci est en parfaite concordance avec les résultats de Boudjelal, (2012), obtenus à partir de l'extrait méthanolique de la partie aérienne de *Marrubium vulgare* qui a montré une activité antioxydante élevée avec une valeur d'IC_{50} de l'ordre de 0,49 mg/ml. Contrairement, les travaux réalisés par Orhan et *al*., 2010, affirment que l'extrait méthanolique est moins actif que l'extrait acétonique de la même espèce

Dans une autre étude entreprise par Yumrutas et Saygideger, (2010) sur le piégeage du DPPH ou l'effet scavager de l'extrait hexanique et l'extrait méthanolique de la partie aérienne d'une autre espèce, *Marrubium parviflorum* il a été noté que l'extrait hexanique a donné une très faible activité antioxydante par rapport à celle retrouvée en présence de l'extrait méthanolique de *Marrubium vulgare* avec des valeurs des IC50 plus élevées. A l'opposé, un puissant effet scavager estimé à partir d'un IC50 de 0,18 mg/ml de l'extrait brut méthanolique d'une autre espèce de *Marrubium* (*Marrubium peregrinum*) a été retrouvé à partir du piégeage du DPPH lors des travaux réalisés par Milan (2011).

Une bon pouvoir antiradicalaire a été enregistré avec notre extrait flavonoidique cependant moins important que celle obtenue avec l'extrait brut méthanolique. Cet effet scavager pourrait devenir potentiellement intéressant après optimisation des conditions d'extraction, séparation et d'augmentation de la concentration. En effet, les composés phénoliques et plus particulièrement les flavonoïdes sont reconnus comme des substances potentiellement antioxydantes ayant la capacité de piéger les espèces radicalaires et les formes réactives de l'oxygène (Javanovic et *al.*, 1994). L'effet scavenger des flavonoïdes est attribué à leur faible potentiel redox qui les rend thermodynamiquement capable de réduire les radicaux libres par un transfert d'atome d'hydrogène à partir des groupements hydroxyle, (Siddhuraju et Becker, 2007). En outre, dans le but d'identifier les sites potentiels au sein des flavonoïdes qui sont responsables sur l'effet antiradicalaire vis-à-vis du radical DPPH, plusieurs travaux ont étudié la cinétique et le mécanisme réactionnel des flavonoïdes avec ce radical stable. De plus, Amič et *al.*, (2003) ont mis en évidence la relation structure fonction de 29 flavonoïdes (flavones, flavonols et flavanones) et leurs capacités de piéger le DPPH. Les résultats de cette étude ont montré que les flavonoïdes les plus efficaces sont ceux qui renferment des groupements 3',4'-dihydroxy sur le cycle B et/ou un groupement 3-OH sur le cycle C.

5. CONCLUSION

D'après les résultats obtenus, nous pouvons déduire que les extraits isolés à partir de la plante étudiée *Marrubium vulgare* sont pourvus d'une bonne activité antioxydante. Le test FRAP montre que la capacité de réduction est proportionnelle à l'augmentation de la concentration des échantillons. Les flavonoïdes sont généralement plus actifs que l'extrait brut méthanolique et les tanins. Le test DPPH montre que l'extrait brut méthanolique semble avoir une activité antioxydante meilleure que celle provoquée par les flavonoïdes. Les tanins représentent les composés les moins efficients dans l'élimination des radicaux libres. Un fort pouvoir antiradicalaire est noté pour l'extrait brut représenté par un IC50 relativement faible, similaire à celui du produit standard, l'acide ascorbique.

CHAPITRE IV

ACTIVITE ANTIHEPATOXIQUE

1. INTRODUCTION

Le foie est un organe annexe du tube digestif, il remplit de nombreuses fonctions indispensables à la vie. D'une part, il participe au processus de la digestion par la sécrétion biliaire et d'autre part, il transforme l'apport discontinu des substances absorbées par le tube digestif en un flux continu de substances nutritives qui assurent une fourniture suffisante de principes nutritifs à l'organisme. Toutes les substances introduites dans l'organisme et atteignant le torrent circulatoire, y transitent et y subissent des transformations plus ou moins complexes de leurs structures avant d'être excrétées. Le foie se trouve de ce fait exposé à diverses agressions qui ont parfois de graves répercussions sur tout l'organisme (Guillouzo et *al.*, 1989).

Les principales voies d'élimination des toxiques sont les voies hépato-biliaires et les voies rénales. Le foie transforme les toxiques en métabolites eux-mêmes parfois très agressifs pour l'organisme. Les substances industrielles responsables d'action toxique sur le foie peuvent exercer leurs effets directement sur la cellule hépatique et entraînent alors des lésions dans les régions périportales des lobules hépatiques ou le plus souvent elles seront toxiques après oxydation par le système microsomial et les lésions débuteront alors dans les zones centro-lobulaires (Collat, 1999).

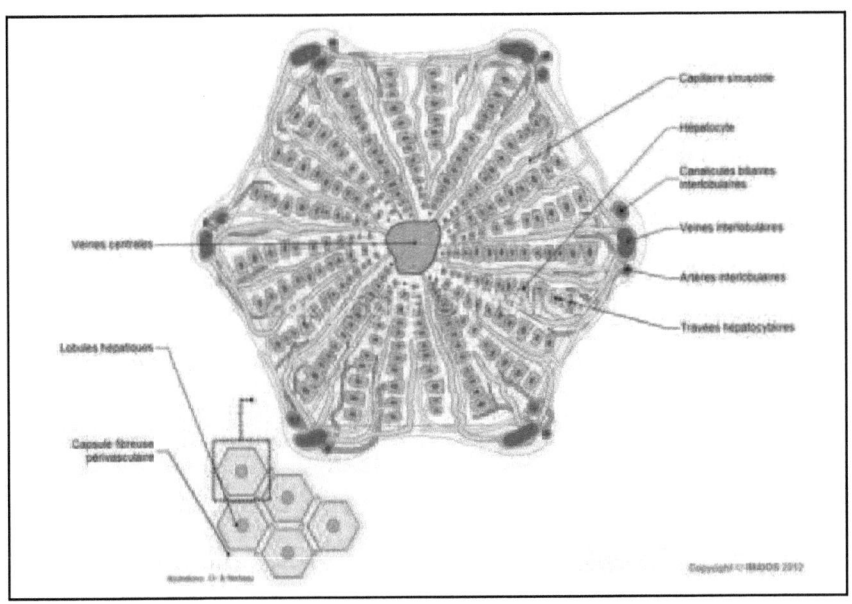

Figure n°25 : Anatomie du système veineux, artériel et biliaire du foie d'après Micheau et Hoa (2012).

Dans le cas des hépatites aigues, l'oxydation de certains xénobiotiques par les différents isoenzymes constituant le système des mono-oxygénases à cytochrome P 450 produit des métabolites instables, réactifs de nature chimique variée (Radicaux libres) qui vont attaquer les constituants cellulaires. Les lésions ainsi initiées vont prédominer dans la région centro-lobulaire. Des systèmes de protection existent au sein même de la cellule pour limiter l'action des métabolites réactifs: autolimitation de la formation de métabolites par destruction du cytochrome P 450, inactivation par conjugaison au glutathion. Ce n'est que quand les capacités d'inactivation du glutathion sont dépassées que le métabolite réactif exerce son effet toxique (Collat, 1999).

En Europe, en Amérique du Nord et dans tous les pays développés en général, la pathologie hépatique est d'origine virale (Hépatites), la toxicomanie, l'alcoolisme, l'abus alimentaire, certains traitements médicamenteux (médicaments du système nerveux central, antibiotiques, certains analgésiques, médicaments de la chimiothérapie (Hikino et al., 1984). mais aussi d'origine chimique par la pollution industrielle et agricole. Les solvants tels que le tetrachlorure de carbone, le chloroforme, dichloropropane, dichloropropène, dibromoethane, dichloroéthane, clorobenzène, tétrachlorobenzène…etc. les produits phytosanitaires ou pesticides tels que les pyridines ou intermédiaire de synthèse de pesticides, polychlorobiphényls (PCB), les organochlorés, les triazines, les phénylurées. A titre d'exemple, Les PCB sont pratiquement non biodégradables d'où un problème majeur d'écotoxicité (bioaccumulation au long des chaînes alimentaires). Leur pyrolyse à des températures élevées entrainent des anomalies biologiques hépatiques (augmentation modérée des triglycérides, des Gamma Glutamyl Transférase γ GT, des transaminases) avec parfois hépatomégalie. Les organochlorés quant à eux entrainent des intoxications hépatorénales aigues s'accompagnant d'une acidose métabolique qui peut se compliquer d'une cytolyse hépatique ou d'une tubulopathie rénale liée à la myoglobinurie. Cela nous donne un aperçu sur le problème de santé publique que posent les pathologies hépatiques à l'échelon mondial.

Ainsi, la découverte de composés actifs naturels susceptibles d'améliorer le traitement des affections hépatiques et des phénomènes toxiques en particulier constitue actuellement un domaine de recherche important. Les pathologies hépatiques constituent les maladies pour lesquelles la médecine traditionnelle semble avoir le plus de succès. Les tradithérapeutes font usage des plantes dans le traitement des atteintes du foie. Les pathologies hépatiques constituent les maladies pour lesquelles la médecine traditionnelle semble avoir le plus de succès. Ainsi Les écorces de racines de *Nauclea latifolia*, les feuilles de *Combretum glutinosum* et les racines de *Tinospora bakis* et de *Nauclea latifolia* représentent des remèdes par excellence dans certains pays et en particulier en Afrique. Des travaux ont été entrepris afin d'apporter une base scientifique à l'utilisation de ces plantes dans le traitement des affections hépatiques (Ouattara, 2003).

Dans le but d'apporter notre contribution à la validation de l'utilisation de la plante de *Marrubium vulgare* dans le traitement des hépatopathies, nous avons mené cette étude afin de vérifier le pouvoir antihépatotoxique de l'extrait brut méthanolique à partir de deux modèles d'intoxication hépatique, le tétrachlorure de carbone (CCl_4) et l'insecticide (Decis expert).

2. MATERIEL ET METHODES

2.1. Matériel Utilisé

2.1.1. Matériel animal

Afin d'éviter la variabilité intersexe, nous n'avons utilisé que des souris mâles de souche N.M.R.I. (35 ± 4 g) fournies par les laboratoires de l'Institut Pasteur d'Alger. Elles sont divisées en plusieurs lots et hébergées au niveau de l'animalerie dans des cages en polypropylène (six souris par cage : $n = 6$) munies d'un porte étiquette où sont mentionnés le nom du lot, le traitement subi et les dates des expérimentations. Les souris sont soumises pendant 15 jours à une période d'adaptation où elles ont un accès libre à l'eau et à l'aliment sous des conditions de lumière et de température contrôlées (12 heures d'éclairage / Température de 24 °C).

2.1.2. Tétrachlorure de carbone CCl_4

Le tétrachlorure de carbone utilisé pour l'induction de l'intoxication hépatique, il provient des laboratoires Sigma Aldrich. C'est un alcane utilisé comme solvant et/ou réactif dans les laboratoires et les industries chimiques. Le tétrachlorure de carbone est le plus communément utilisé d'une part et d'autre part, il induit une pathologie rencontrée en clinique. Il manifeste sa toxicité sur l'organisme animal en provoquant d'importantes lésions sur plusieurs organes. Sur le foie, le CCl_4 provoque des nécroses qui à long terme peuvent évoluer en cirrhoses hépatiques. Cette cytotoxicité du CCl_4 est obligatoire et prévisible chez tous les individus d'une même espèce animale. Elle est de type indirect, car c'est une toxicité qui se manifeste après la conversion hépatique du CCl_4 en des métabolites réactifs toxiques (Martin et Feldmann, 1983).

Les caractéristiques et les paramètres physico-chimiques du tétrachlorure (CCl_4) sont mentionnés ci-dessous :

Tableau n°17: Caractéristiques de la molécule de tétrachlorure de carbone (Bisson et al., 2005).

Formule brute	CCl_4
Formule développée	$Cl-\underset{\underset{Cl}{\mid}}{\overset{\overset{Cl}{\mid}}{C}}-Cl$
Poids moléculaire (g)	82
Synonymes	- Perchlorométhane. - Tétrachlorométhane Carbon chloride. - Carbon tétrachloride Méthane tétrachloride. - Méthane tétrachloro-Perchlorométhane. - Tétrachlorométhane. - Tétrachlorocarbon.

Tableau n°18 : Paramètres physico-chimiques de la molécule tétrachlorure de carbone (Bisson et al., 2005).

Paramètre	Valeur
Pression de vapeur (Pa à 20 °C)	- 12,50
Constante de henry (Pa*m3/mole)	- $2,14.10^{-2}$ à 20°C - $2,87.10^{-2}$ à 25°C
Solubilités dans l'eau (mg/L)	- 800 à 20°C
Vitesse d'hydrolyse (jour)	- Temps de demi-vie : de

	1 heure. 5 jours.
Dissociation dans l'eau	- Absence de dissociation

2.1.3. Insecticide (Decis expert) :

Decis expert est un insecticide composé d'une seule matière active, la deltaméthrine qui appartient à la famille des pyréthrinoïdes. La deltaméthrine, est l'une des molécules de pesticide la plus utilisé en agriculture dans la région d'Annaba pour son large spectre d'activité sur les insectes nuisible. Elle a été homologuée en Algérie à partir de 2009 sous le numéro d'homologation R. 02. 144. 116. Elle est commercialisée sous le nom du Decis expert, le produit provient des laboratoires Bayer. Ses caractéristiques et paramètres physico-chimiques sont présentés dans les tableaux n°19 et 20.

Tableau n°19 : Caractéristiques de la deltaméthrine (Fiches signalétiques AGRITOX).

Formule brute	C22 H19 Br2 N O3
Formule plane	
Poids moléculaire (g)	505.21
Synonymes	Deltaméthrin Deltaméthrin Decaméthrine

Tableau n°20 : Paramètres physico-chimiques de la deltaméthrine (Fiches signalétiques AGRITOX).

Paramètre	Valeur
Pression de vapeur (nPa à 25 °C)	12.4
Constante de henry (Pa*m3/mole à 25°C)	0.031
Solubilités dans l'eau (mg/L)	0.0002 à 25 °C et au pH de 7.5 à 7.9 <0.005 à 20 °C et au pH de 6.2
Solubilités dans les solvants organiques (g/L) à 20 °C	Acétate éthyle : 200 - 300 Acétone : 300 - 600 Acetonitrile : 60 - 75 Dichloroethane : > 600 DMSO : 200 - 300 Méthanol : 8.15 n-heptane : 2.47 Xylène : 175
Coefficient de partage Octanol/eau (à 25 °C)	log P : 4.6 au pH de 7.6
Vitesse d'hydrolyse (jour)	Temps de demi-vie : 2.5 jour(s) à 25 °C et au pH de 9 stable à 25 °C et au pH de 5 à 7 temps de demi-vie : 31

	jour(s) à 23 °C et au pH de 8
Dissociation dans l'eau	Absence de dissociation

2.2. Méthode suivies

2.2.1. Préparation des solutions de CCl_4 et l'insecticide (Decis expert)

Les concentrations de la solution testées de CCl_4 (25 µl/kg/j) et de l'insecticide Decis expert (7 µl/kg/j) sont préparées à partir de la solution mère dans l'eau physiologique stérile (NaCl 0.9%).

2.2.2. Préparation des solutions à base d'extrait brut méthanolique

Les concentrations de l'extrait brut méthanolique (100, 200 et 400 mg/kg/j) sont préparées extemporanément. Les extraits sont dilués dans l'eau physiologique stérile (NaCl 0,9%) en fonction de la concentration désirée. La concentration de l'extrait est calculée en fonction du poids vif de l'animal.

2.2.3. Détermination de la DL_{50} de l'extrait brut méthanolique de la plante

La DL_{50} (Dose Létale 50) ou la dose de substance provoquant 50% de mortalité dans la une population d'organismes étudiée, pendant un temps donné. Pour l'évaluation de ce paramètre, nous avons choisi la méthode de Litchfiled et Wilcoxon (1949). La DL_{50} de l'extrait brut méthanolique de *Marrubium vulgare* n'est pas connue dans la littérature consultée ainsi la recherche d'une éventuelle toxicité de la plante est nécessaire. Pour ce faire, des solutions à différentes concentrations (25, 250, 500, 1000, 2000 mg/kg/j) de l'extrait brut méthanolique de la plante, sont préparées dans une solution d'eau physiologique stérile (NaCl 0.9%) puis administrées à raison d'un volume de 1 ml par gavage à l'aide d'une sonde à cinq lots de six souris ($n = 6$). Un sixième lot servant de témoin est gavé à l'aide de la solution physiologique sans extrait.

2.2.4. Détermination de la DL_{50} de l'insecticide (Decis expert)

La DL_{50} du l'insecticide Decis expert a été déterminée par l'utilisation de quatre concentrations différentes (3,5 µl/kg/j, 7 µl/kg/j, 12,5 µl/kg/j et 25 µl/kg/j). Les solutions préparées sont administrées par voie intrapéritonéale à raison d'un volume de 1 ml pour les quatre lots de souris à ($n = 6$). Un lot servant de témoin a subi l'administration d'une solution physiologique sans insecticide.

2.2.5. Détermination de la DL_{50} Tétrachlorure de carbone (CCl_4)

En ce qui concerne le tétrachlorure de carbone (CCl_4), nous n'avons pas calculé la DL_{50} ; nous nous sommes référés aux données bibliographiques (Ouattara, 1999). La dose administrée est de 25 µl/kg/j.

2.2.6. Evaluation de l'activité antihépatotoxique

L'activité antihépatotoxique est estimée par un certain nombre de paramètres biochimiques sériques, histologiques, le poids corporel des souris et celui de l'organe cible (foie), les enzymes antioxydants du foie.

2.2.6.1. Protocole expérimental

Le principe consiste à provoquer chez les souris, une insuffisance hépatique aigue et à évaluer l'effet antihépatotoxique de l'extrait brut méthanolique de *Marrubium vulgare*. Les souris sont divisées en neuf lots de six individus ($n=6$) dans des cages pour une période de deux semaines. Les traitements ont commencé après 15 jours d'adaptation, Le premier jour, les souris ont reçu uniquement des doses de CCl_4 ou de l'insecticide. Les 10 jours suivants, elles reçoivent régulièrement en plus du composé toxique, la dose de l'extrait végétal, jusqu'à leur sacrifice. Le poids corporel des souris traitées sont calculés tous les deux jours et ce, durant toute l'expérimentation. Les doses d'insecticide (Decis expert) et de tétrachlorures de carbone (CCl_4) sont injectées par voie intrapéritonéale à raison de 1 ml. Par contre, les doses de l'extrait brut méthanolique sont administrées par gavage. Les concentrations administrées pour chaque lot de souris sont présentées dans le tableau n°21.

Tableau n°21: Concentrations des substances testées.

	Substance utilisée			
	CCl_4 (µl/kg/j)	Insecticide (Decis expert) (µl/kg/j)	Extrait brut (mg/kg/j)	Témoin Eau physiologique (ml/J)
Lots I Témoin	-	-	-	1
Lots II	25	-	-	-
Lots III	25	-	100	-
Lots IV	25	-	200	-
Lots V	25	-	400	-
Lots VI	-	7	-	-
Lots VII	-	7	100	-
Lots VIII	-	7	200	-
Lots IX	-	7	400	-

2.2.6.2. Prélèvement de sang

Les individus sont sacrifiés au bout du onzième jour, 24 heures après la dernière administration de l'extrait brut méthanolique de la plante. Les animaux sont sacrifiés par décapitation. Le sang est récueilli dans des tubes héparines puis centrifugé à 3000 tr/min pendant 5 min. Le sérum est récupéré puis conservé au froid (4 °C) en vue des analyses biochimiques.

2.2.6.3. Dosage des paramètres biochimiques sériques

Les paramètres analysés sont : Glutamopyruvate Transférase (TGO), Glutamooxaloacétate Transférase (TGP), Phosphatase Alcaline (PAL), Gamma Glutamyl Transférase (γ GT), Glucose, Cholestérol, Triglycéride, Protéine, Urée, Acide Urique, Albumine, Créatinine. Les dosages sont réalisés grâce à un analyseur automatique Technicon R.A.-1OOO. Les mesures sont effectuées à une longueur d'onde caractéristique pour chaque dosage. Le dosage des paramètres analysés est accompli par des kits "Bio Maghreb".

2.2.6.4. Prélèvement du foie

L'extraction du foie se fait par dissection de l'abdomen. Après prélèvement, le foie est bien lavé par une solution physiologique, pesé et ensuite divisé en deux parties, la moitié est fixée dans une solution de formol à 10 % pour la réalisation des coupes histologiques et l'autre moitié est conservée au froid pour le dosage biochimique des enzymes antioxydants.

2.2.6.5. Dosage des enzymes antioxydants du foie

L'évaluation du stress oxydatif au niveau du foie a été déterminée par les paramètres suivant : Protéines, Glutathion (GSH), Glutathion S-Transférase (GST) et la Catalase (CAT).

- Préparation de la fraction enzymatique du foie

La fraction enzymatique est préparée selon la méthode d'Iqbal et *al.*, (2003) qui consiste à prendre 0,5 g de foie coupés, puis homogénéisés dans 3 volumes de tampon phosphate (0,1 M, pH 7,4) contenant du KCl (1,17 %). L'homogénat est ensuite centrifugé à 800 trs/min pendant 15 min à 4 °C pour éliminer les débris nucléaires. Le surnageant obtenu est centrifugé à 9600 trs/min pendant 45 min à 4 °C (Centrifugeuse SIGMA 6k15). Le surnageant final est récupéré ; il représente la fraction utilisée pour l'évaluation des protéines et de l'enzyme CAT.

- *Dosage des protéines :*

Le dosage des protéines est déterminé selon la méthode de Bradford (1976) qui utilise le bleu de Coomassie (G250) comme réactif. Ce dernier réagit avec les groupements amines ($-NH_2$) des protéines pour former un complexe de couleur bleu. L'apparition de cette couleur reflète le degré d'ionisation du milieu acide.

Les lectures sont faites à une longueur d'onde λ = 595 nm à l'aide d'un spectrophotomètre de type GENENSYS 8, les taux de protéines sont déterminés par comparaison avec une courbe d'étalonnage réalisée selon une gamme d'étalon de sérum d'albumine de bovine réalisée dans les mêmes conditions (Figure n°26). Les détails sont présentés dans les annexes 2.

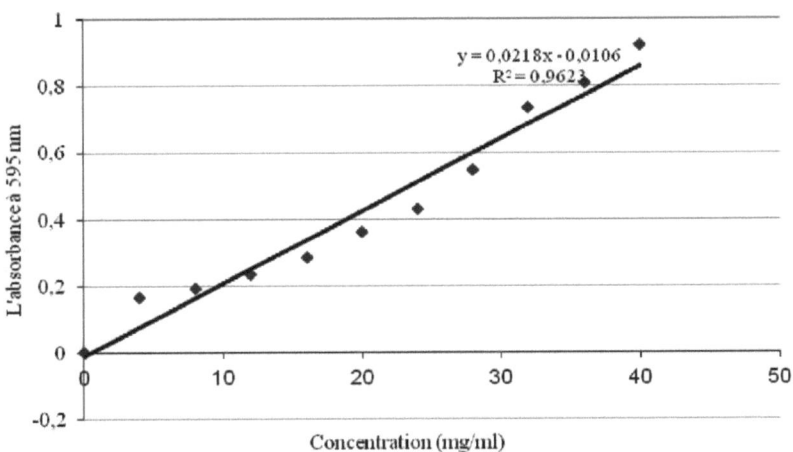

Figure n° 26: Courbe d'étalonnage d'albumine.

- ***Dosage de la catalase (CAT) :***

L'activité enzymatique de la catalase est déterminée par la méthode de Clairborne (1985). Le principe est basé sur la disparition de l'H_2O_2 en présence de la source enzymatique à 25 C° selon la réaction suivante :

$$2\ H_2O_2 \xrightarrow{\text{Catalase}} 2H_2O + O_2$$

Un mélange est constitué de 750 µl de tampon phosphate (0.1 M, pH 7.4), 200 µl de H_2O_2 fraîchement préparé (500 mM) et de 50 µl de la source d'enzyme (homogénat à doser). L'absorbance est lue deux fois à 240 nm chaque 15 secondes à l'aide d'un spectrophotomètre type GENENSYS 8 et l'activité enzymatique est calculée en µmoles par minute et par mg de protéine (µmoles/min/mg de protéine) selon la formule suivante :

$$\text{Activité catalase} = \frac{\Delta \text{Do/mn}}{0{,}040 \times \text{mg de protines dans la cuve}} = \text{µmoles/min/mg de protéine}$$

On utilise le coefficient d'extinction moléculaire de l'eau oxygénée à 240 nm= 0,040 cm^{-1} $mmiles^{-1}$.1

- ***Dosage du glutathion (GSH) :***

Le dosage du GSH est basé sur la méthode colorimétrique de Wechberker et Cory (1988). Le principe est basé sur la réaction d'oxydation du GSH par l'acide 5, 5'- Dithiobis 2-nitrobenzoïque (DTNB) libérant ainsi l'acide thionitrobenzoïque (TNB) absorbant à 412 nm, selon la réaction suivante :

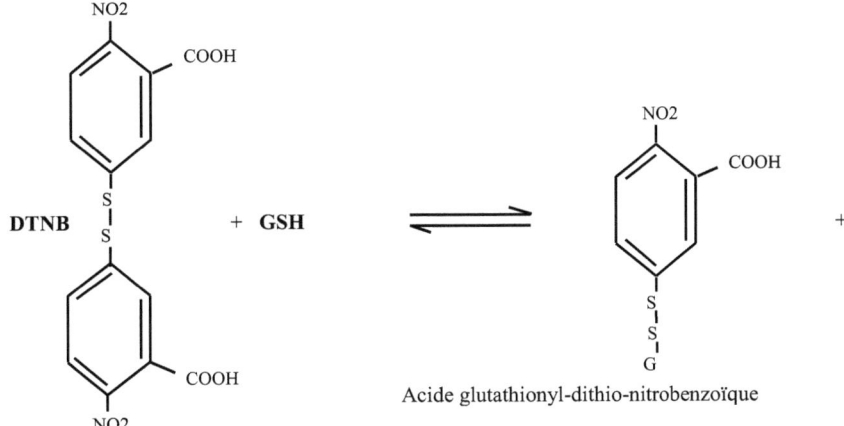

Figure n°27 : figure représentant le mécanisme réactionnel d'oxydation du GSH.

Le dosage s'effectue après homogénéisation des échantillons dans 1 ml d'une solution d'éthylène diamine tétra-acétique (EDTA) à 0,02 M [7,448 g EDTA, 1000 ml eau distillée]. Afin de protéger les groupements thiol du glutathion, l'homogénat doit subir une déprotéinisation par l'acide sulfosalicylique (ASS) à 0,25 % [0,25 g ASS, 100 ml eau distillée] où 0,2 ml du ASS sont additionnés à 0,8 ml d'homogénat. Après agitation, le mélange est plongé dans un bain de glace pendant 15 min, puis centrifugé à 1000 trs/min (Centrifugeuse SIGMA 6k15) pendant 5 min.

Une partie aliquote de 500 µl de surnageant récupéré est ajoutée à 1 ml du tampon tris/EDTA (0,02 M, pH 9,6) [63,04 g tris, 7,4448 g EDTA, 1000 ml eau distillée] et 0,025 ml de DTNB (0,01 M) [3,96 g DTNB, 1000 ml méthanol absolu]. La lecture des absorbances s'effectue à une longueur d'onde de 412 nm (Spectrophotomètre GENENSYS 8) après 5 min de repos pour la stabilisation de la couleur contre un blanc où le surnageant est remplacé par de l'eau distillée.

Le taux du glutathion est estimé selon la formule suivante :

$$X = \frac{\Delta Do}{13,1} \times \frac{Vd}{Vh} \times \frac{Vt}{Vs} / \text{ mg de protéines}$$

X : Micromole de substrat hydrolysé par mg de protéines (µM / mg de protéines).
Δ Do : Différence de la densité optique obtenue après hydrolyse du substrat.
13,1 : Coefficient d'extinction molaire concernant le groupement thiol (-SH).
Vd : Volume total des solutions utilisées dans la déprotéinisation : 1 ml [0,2 ml ASS + 0,8 ml homogénat].
Vh : Volume de l'homogénat utilisé dans la déprotéinisation : 0,8 ml.
Vt : Volume total dans la cuve : 1,525 ml [0,5 ml surnageant + 1 ml tris/EDTA + 0,025 ml DTNB].
Vs : Volume du surnageant dans la cuve : 0,5 ml.

- ***Dosage du glutathion S-transférase (GST) :***

La mesure de l'activité de la glutathion S-transférase (GST) est déterminée selon la méthode de Habig et *al.*, (1974). Elle est basée sur la réaction de conjugaison entre la GST et un substrat, le CDNB (1-chloro 2, 4 dinitrobenzène) et mesurée à une longueur d'onde de 340 nm par spectrophotométrie visible/UV.

Les échantillons sont homogénéisés dans 1ml de tampon phosphate (0,1 M, pH 6), puis centrifugé à 14000 trs/min pendant 30 min et le surnageant récupéré servira comme source d'enzyme.

Le dosage consiste à faire réagir 200 µl du surnageant avec 1,2 ml du mélange CDNB (1 mM)/GST (5mM) [20,26 mg CDNB, 153,65 mg GSH, 1 ml éthanol, 100 ml tampon phosphate (0,1 M, pH 6)]. La lecture des absorbances est effectuée toutes les 1 mn pendant 5 min à une longueur d'onde de 340 nm (Spectrophotomètre GENENSYS 8) contre un blanc contenant 200 µl d'eau distillée remplaçant la quantité du surnageant. L'activité spécifique est déterminée d'après la formule suivante :

$$X = \frac{\Delta Do/mn}{9,6} \times \frac{Vt}{Vs} / mg \text{ de protéines}$$

X : micromole de substrat hydrolysé par minute et par mg de protéines (µM/mn/mg de protéines).

Δ Do : pente de la droite de régression obtenue après hydrolyse du substrat en fonction du temps.

9,6 : coefficient d'extinction molaire du CDNB.

Vt : volume total dans la cuve : 1,4 ml [0,2 ml surnageant + 1,2 ml du mélange CDNB/GSH]

Vs : volume du surnageant dans la cuve : 0,2 ml.

2.2.6.5. L'étude histopathologique

- Préparation des blocs

Les fragments de foie préalablement fixés dans le formol à 10 % sont disposés dans des cassettes qui sont ensuite placées dans un automate (Leica TP1020). Les fragments de l'organe sont d'abord déshydratés par submersion dans des bains d'éthanol à des concentrations croissantes (60 %, 70% ,80%, et 100%). les échantillons subissent deux bains de xylène et deux autres de paraffine fondue. Le xylène occupe la place de l'eau et par conséquent facilite la pénétration de la paraffine puisque cette dernière est hydrophobe. La durée des bains est de 24 heures. A l'aide d'un appareil d'inclusion, Les échantillons de foie sont placés dans des moules métalliques et recouverts de paraffine fondue. Après refroidissement, les blocs sont prêts à la coupe.

- **Réalisation des coupes et coloration**

Les blocs sont placés dans le microtome afin de réaliser des coupes de 3µm d'épaisseur. A l'aide d'une pince très fine, les coupes sont placées sur des lames qui sont ensuite déparaffinées par chauffage à l'étuve pendant une heure.

Pour mettre en évidence les hépatocytes, les coupes sont d'abord réhydratées par submersion successive dans les bains suivants : bain de xylène (5 min), bains d'éthanol (5 min). Après rinçage dans de l'eau distillée (5 min), les coupes réhydratées sont placées dans un bain d'hématoxyline (5 à 6 min) pour colorer les noyaux. L'excès de colorant est enlevé par un bain d'eau additionné de quelques gouttes de NH_4OH. Elles sont mises ensuite dans un bain d'éosine (5 min) pour colorer le cytoplasme et l'excès de colorant est enlevé par l'éthanol. Les lames ainsi colorées sont couvertes de lamelles et prêtent à l'observation microscopique.

2.2.7. Etude statistique

Les méthodes statistiques utilisées pour valider les résultats sont celles de l'analyse de la variance à un seul critère de classification, le test de Tukey et le test de Dunnet.

2.2.7.1. Description des données

Pour mieux décrire les différentes caractéristiques mesurées sur les souris relative à chaque lot étudié, nous avons calculé, certains paramètres statistiques de base tels que : la moyenne arithmétique $\bar{x}$, qui est un paramètre de position et de tendance centrale, l'écart-type(s) qui mesure la dispersion des données autour de la moyenne, les valeurs minimales (X_{min}) et maximales (X_{max}) qui donnent, toutes les deux, une idée sue l'étendue des données, et enfin, l'effectif (n) qui nous renseigne sur l'importance des données traitées. Tous ces paramètres ont été calculés à l'aide du logiciel MINITAB version 16.0 (X, 2006). Les résultats obtenus des paramètres statistiques de base sont présentés dans les annexes 3.

2.2.7.2. Test d'analyse de la variance à un critère de classification

Le test d'analyse de la variance à un critère ou à un facteur de classification consiste à comparer les moyennes de plusieurs populations à partir des données d'échantillons aléatoires simples et indépendants (Dagnelie, 2009).

La réalisation du test se fait soit en comparant la valeur de F_{obs} avec une valeur théorique $F_{1-\alpha}$ correspondante, extraite à partir de la table F de Fisher pour un niveau de signification $\alpha= 0,05$ ou $0,01$ ou $0,001$ et pour k_1 et

k_2 degrés de liberté, soit en comparant la valeur de la probabilité p avec toujours les différentes valeurs de α=5%, 1% ou 0,1%. Selon que cette hypothèse d'égalité des moyennes est rejetée au niveau α= 0,05 ou 0,01 ou 0,001, on dit conventionnellement que l'écart observé entre les moyennes est significatif, hautement significatif ou très hautement significatif. On marque généralement ces écarts de 1, de 2 ou de 3 astérisques (Dagnelie, 2009). Ce test a été utilisé pour comparer, entre lots les moyennes de chacune des caractéristiques obtenues, dans ce cas également tous les calculs ont été réalisés avec le logiciel MINITAB version 16.0 (X, 2006).

2.2.7.3. Test de Tukey

Lorsqu'à l'issue d'un test de l'analyse de la variance et pour des facteurs fixes on est amené à rejeter l'hypothèse d'égalité de plusieurs moyennes, dans ces conditions la question de recherche et de localiser les inégalités se pose. De nombreuses solutions ont été proposées pour répondre ou tenter de répondre à cette question (Dagnelie, 2009). Ces solutions sont regroupées sous l'appellation générale de méthodes de comparaisons particulières et multiples de moyennes.

Le choix entre les différentes approches dépend de façon très large de la nature qualitative ou quantitative des facteurs considérés et de l'objectif qui a été fixé ou qui avait dû être fixé au moment ou la collecte des donnés a été décidée (Dagnelie, 2009). En ce qui nous concerne, chaque fois que l'égalité de plusieurs moyennes a été rejetée par l'analyse de la variance pour un facteur fixe, nous avons utilisé la méthode de Tukey pour tenter de déterminer les groupes de moyennes qui sont identiques ou en d'autres termes les groupes des lots qui sont aussi homogènes que possible (Dagnelie, 2009).

La méthode de Tukey est une méthode qui s'applique en une seule étape, et qui est, de ce fait, d'une utilisation très facile. Elle consiste à comparer toutes les paires de moyennes à une valeur critique qui correspond à la plus petite amplitude de Newman et Kews calculées pour lots (Dagnelie, 2009). Cette méthode a été utilisés pour rechercher les groupes de lots homogènes et ceci pour chacune des caractéristiques mesurées. Les calculs ont été réalisés à l'aide du logiciel d'analyse et de traitement statistique des données MINITAB version 16.0 (X, 2006).

2.2.7.4. Test de Dunnett

Le test de Dunnett est utilisé lorsqu'on souhaite comparer les moyennes de plusieurs lots à la moyenne d'un lot témoin ou de référence. Ce test est toujours utilisé après avoir rejeté l'hypothèse d'égalité de plusieurs moyennes par l'analyse de la variance pour un facteur fixe. Le principe de ce test consiste à calculer, chaque fois, la plus petite différence significative (P.P.D.S.) entre une moyenne d'un lot quelconque et la moyenne du lot de référence à partir de la relation suivante :

$$d1 - \alpha/2\sqrt{2CM}/n$$

Et de rejeter l'hypothèse d'égalité des deux moyennes chaque fois que la différence en valeur absolue entre les deux moyennes est supérieure ou égale à cette P.P.D.S. (Dagnelie, 2009).
Les valeurs de $d_{1-\alpha/2}$ se trouvent dans des tables spéciales proposées par Dunnett. Elles sont exprimées en fonction des moyennes à comparer au témoin et du nombre des degrés de liberté du carré moyen (CM) qui a servie de base de comparaison lors de l'analyse de la variance. Tandis que n représente le nombre de données (ou répétitions) qui ont servi à calculer chacune de ces moyennes (Dagnelie, 2009). Les calculs ont été effectués avec le logiciel MINITAB version 16.0 (X, 2006).et ceci pour chaque caractéristique étudiée.

3. RESULTATS

3.1. Détermination de la DL_{50} de l'extrait brut méthanolique de la plante

Les résultats obtenus sont mentionnés dans le tableau suivant :

Tableau n°22: Taux de mortalité des souris en fonction des concentrations de l'extrait brut méthanolique de la plante.

Lots	Traitements	Nombre de morts	% de mortalité
I	25 mg/kg de l'extrait brut	0/6	0%
II	250 mg/kg de l'extrait brut	0/6	0%
III	500 mg/kg de l'extrait brut	0/6	0%
IV	1000 mg/kg de l'extrait brut	0/6	0%
V	2000 mg/kg de l'extrait brut	0/6	0%

L'administration de l'extrait brut méthanolique aux cinq doses étudiées n'a provoqué aucun changement de comportement et par conséquent aucune mortalité.

3.2. Détermination de la DL$_{50}$ de l'insecticide

L'injection par voie intrapéritonéale des différentes doses a provoqué des taux de mortalité variant entre 50% à 100% dans les lots III, IV et V. Les individus ayant reçu la dose de 3,5 µl/kg/j ont tous survécus. Les résultats obtenus sont mentionnés dans le tableau suivant :

Tableau n°23: Taux de mortalité des souris en fonction des concentrations d'insecticide (Decis expert).

Lots	Traitements	Nombre de morts	(%) de mortalité
I (Témoin)	1 ml Solution physiologique	0/6	0%
II	3,5 µl/kg/j d'insecticide (Decis expert)	0/6	0%
III	7 µl/kg/j d'insecticide (Decis expert)	3/6	50%
IV	12,5 µl/kg/j d'insecticide (Decis expert)	5/6	83,33%
V	25 µl/kg/j d'insecticide (Decis expert)	6/6	100%

3.3. Evaluation de l'activité antihépatotoxique

3.3.1. Effet sur le poids

Le poids corporel et le poids du foie ainsi que le poids relatif du foie (poids de l'organe X 100/poids de l'animal) des souris traitées et ceux des témoins non traitées sont reportés dans le tableau n°24.

Tableau n°24: Poids corporel, poids du foie et poids relatif du foie des différents lots de souris.

Lots	Poids		
	Poids corporels (g)	Poids du foie (g)	Poids relatif du foie (%)
I (Témoin)	43,42 ±1,90	2,71 ±0,19	6,26 ±0,68
II	34,94 ±3,37	2,44 ±0,20	7,05 ±1,02
III	36,62 ±2,32	2,46 ±0,32	6,72 ±0,89
IV	37,30 ±0,65	2,3 ±0,51	6,18 ±1,51
V	33,46 ±1,20	2,24 ±0,20	6,68 ±0,45
VI	32,76 ±1,59	2,52 ±0,58	7,34 ±1,58
VII	29,04 ±3,07	2 ±0,2	6,96 ±1,12
VIII	34,88 ±1,68	2,36 ±0,08	6,77 ±0,40
IX	33,26 ±1,12	2,22 ±0,20	6,68 ±0,74

Les valeurs représentent la moyenne ± écart type ($n=6$)

Les valeurs calculées indiquent l'intensité du pouvoir antihépatotoxique de l'extrait végétal en fonction des différentes concentrations utilisées. Les souris du lot IV et III intoxiquées par le CCl_4 et traitées par l'extrait à la concentration de 200 mg/kg/j ont affiché des poids corporels plus importants que ceux du lot II n'ayant pas reçu l'extrait, avec des moyennes respectives de 37 et 36 g. Le poids de l'organe cible (foie) est passé de 2,44 g sans l'extrait à 2,24 g suite au traitement par 400 mg/kg/j d'extrait. Pour ce qui est du poids relatif, la concentration de 200 mg/kg/j a donné le meilleur résultat avec un poids de 6,18 %. Les lots ayant subi l'effet de l'insecticide, s'avèrent plus sensibles à toutes les concentrations de l'extrait végétal. Le poids relatif est passé de 7,34% à 6,68% indiquant un effet positif des substances naturelles.

3.3.2. Effet sur les teneurs en enzymes sériques

L'activité antihépatotoxique a été évaluée à partir des concentrations sériques de la TGO, TGP, PAL et γ-GT chez les lots intoxiquées par le CCl_4 ou l'insecticide et traitées par l'extrait brut méthanolique par comparaison avec celles des lots témoin n'ayant pas subi l'effet de l'extrait.

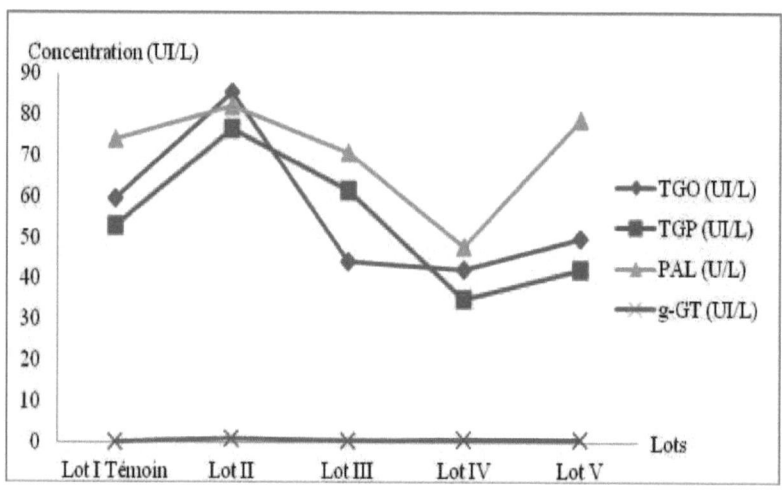

Figure n°28: Effet de l'extrait brut méthanolique sur les paramètres enzymatique chez les souris soumises à l'effet du CCl_4.

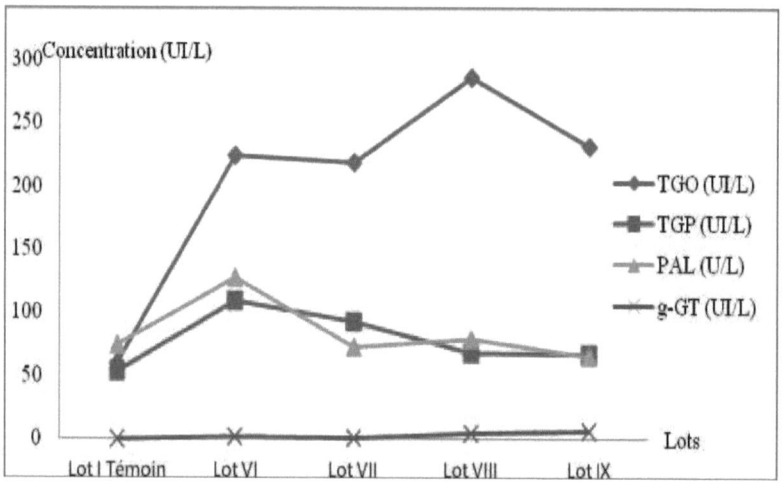

Figure n°29: Effet de l'extrait brut méthanolique sur les paramètres enzymatique chez les souris soumises à l'effet de l'insecticide.

L'extrait brut méthanolique utilisé à la concentration de 200 mg/kg/j engendre une baisse du taux des enzymes étudiées, TGO, TGP, PAL. Nous avons enregistré des taux respectifs de 42,26 UI/L, 35,09 UI/L, 47,70 UI/L contre 85,54 UI/L, 76,43 UI/L, 82,18 UI/L pour CCl_4. Concernant le taux de γ-GT, le meilleur résultat a été à la concentration de 100 mg/kg/j avec 0,38 UI/L contre 0,94 UI/L pour le CCl_4.

Si l'on se réfère aux tableaux présentant les valeurs de l'activité enzymatique évaluée en présence de l'insecticide, on relève une augmentation importante des taux des enzymes testés par rapport à ceux obtenus en présence de CCl_4. A titre d'exemple, la valeur de TGO est égale à 224,26 UI/L contre 85,54 UI/L pour CCl_4.

Les souris ayant reçu 400 mg/kg/j de l'extrait végétal, ont affiché un taux moyen de TGP diminué de 61,16 % par comparaison à celles ayant reçu iniquement l'insecticide. Par ailleurs, le taux moyen de la PAL est diminué de 51,10 % par rapport à celui des animaux qui ont reçu uniquement l'insecticide.

3.3.3. Effet sur les autres paramètres biochimiques sériques

Tableau n°25: Effet de l'extrait brut méthanolique sur les paramètres biochimiques chez les souris soumise à l'effet du CCl_4.

Paramètres	Lots				
	I Témoin	II	III	IV	V
Glucose (g/L)	1,47 ±0,65	1,50 ±0,26	1,03 ±0,29	1,01 ±0,18	1,12 ±0,45
Cholestérol (g/L)	0,68 ±0,23	1,04 ±0,29	0,92 ±0,15	0,97 ±0,10	0,92 ±0,18
Triglycéride (g/L)	1,57 ±0,75	2,37 ±0,33	1,96 ±0,92	1,54 ±0,36	1,53 ±0,30
Protéine (g/L)	50,91 ±5,84	48,59 ±1,54	52,61 ±8,33	49,70 ±16,2	50,35 ±13,1
Urée (g/L)	0,63 ±0,16	0,28 ±0,05	0,65 ±0,31	0,29 ±0,03	0,40 ±0,10
Acide Urique (mg/L)	35,67 ±9,83	40,49 ±8,03	27,7 ±4,71	15,3 ±2,78	32,8 ±24,2
Albumine (g/L)	23,11 ±4,03	21,36 ±4,92	24,14 ±1,49	26,06 ±0,75	23,08 ±3,24
Créatinine (mg/L)	8,10 ±2,91	3,00 ±0,53	6,66 ±2,10	3,92 ±0,74	4,64 ±1,78

Les valeurs représentent la moyenne ± écart type ($n=6$)

Tableau n°26: Effet de l'extrait brut méthanolique sur les paramètres biochimiques chez les souris soumise à l'effet du l'insecticide.

Paramètres	Lots				
	I Témoin	VI	VII	VIII	IX
Glucose (g/l)	1,47 ±0,65	1,05 ±0,33	1,15 ±0,26	0,93 ±0,22	1,00 ±0,23
Cholestérol (g/l)	0,68 ±0,23	0,98 ±0,20	0,96 ±0,34	0,78 ±0,06	0,96 ±0,14
Triglycéride (G/l)	1,57 ±0,75	2,13 ±0,99	2,58 ±0,77	1,54 ±0,27	1,71 ±0,05
Protéine (g/L)	50,91 ±5,84	49,93 ±19,65	45,41 ±13,45	56,90 ±8,62	56,20 ±8,56
Urée (g/L)	0,63 ±0,16	0,29 ±0,02	0,30 ±0,03	0,22 ±0,07	0,50 ±0,26
Acide Urique (mg/L)	35,67 ±9,83	21,56 ±5,29	9,4 ±0,90	28,42 ±24,7	58,69 ±3,41
Albumine (g/L)	23,11 ±4,03	21,65 ±1,27	27,28 ±1,76	23,99 ±3,49	25,85 ±2,80
Créatinine (mg/L)	8,10 ±2,91	2,28 ±2,50	3,12 ±0,41	3,69 ±1,09	10,59 ±4,43

Les valeurs représentent la moyenne ± écart type (*n*=6)

D'une manière générale, les produits chimiques testés (CCl$_4$ et insecticide Decis expert) entrainent une augmentation de tous les paramètres biochimiques étudiés. Cependant, les résultats obtenus sont hétérogènes et variables selon les concentrations de l'extrait testé. Le traitement à base d'extrait de la plante sous ses différentes concentrations, provoque une diminution des taux des métabolites étudiés.

3.3.4. Effet sur les teneurs en enzymes antioxydants du foie

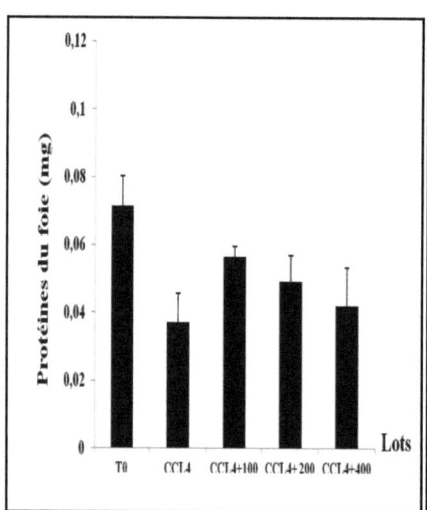 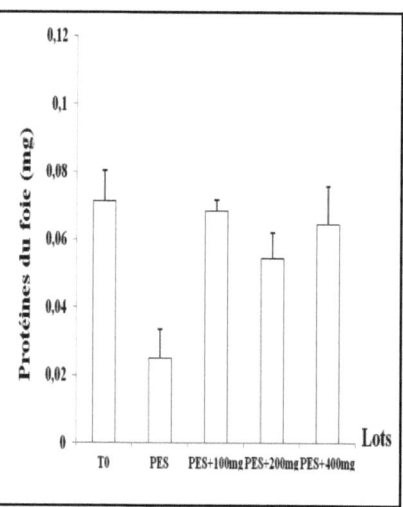

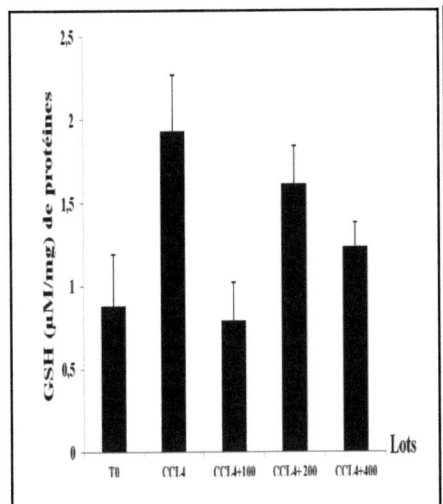
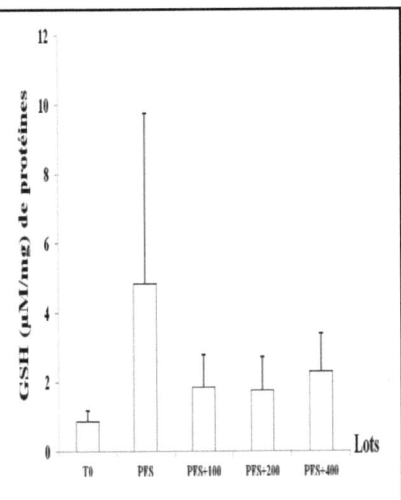
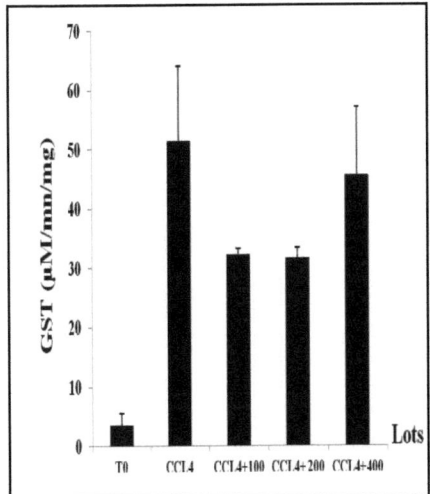
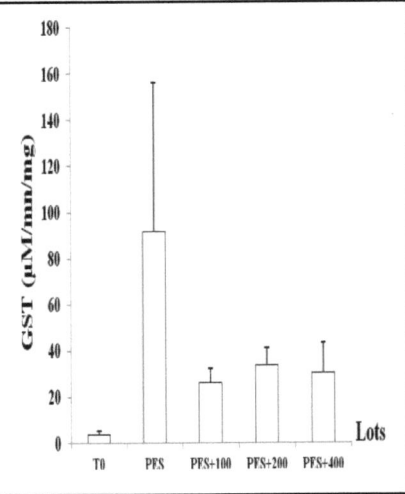

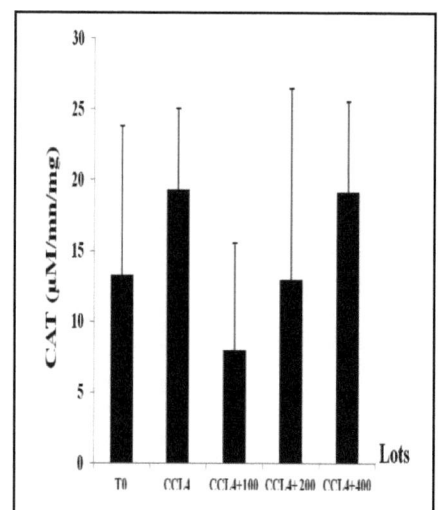
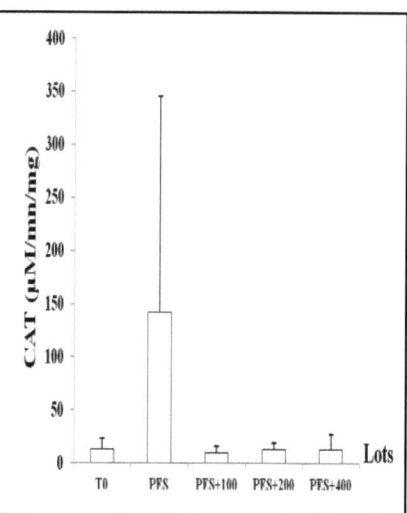

Figure n°30 : Effet de l'extrait brut méthanolique sur les paramètres enzymatique chez les souris soumises à l'effet du CCl_4 et l'insecticide.

Pes : *Insecticide,* ***Pes+100*** *: Insecticide+100 mg de l'extrait brut,* ***Pes+200*** *: Insecticide+200 mg de l'extrait brut,* ***Pes+400*** *: insecticide+400 mg de l'extrait brut.*

Les différents histogrammes montrent une hétérogénéité dans les résultats. Sous l'effet du CCl_4, les souris testées affichent une diminution dans les taux de protéines. Cette diminution est plus accentuée en présence de l'insecticide (0,025 mg) contre (0,037 mg) pour le CCl_4. Une stimulation de la synthèse des protéines a été observée à la concentration de 100 mg/kg/j aussi bien pour CCl_4 que pour l'insecticide.

Les taux de GSH, GST et CAT augmentent sous l'effet des produits toxiques seuls (CCl$_4$ et l'insecticide Decis expert). Cependant, le gavage de l'extrait brut méthanolique aux souris déjà intoxiquées, provoque une diminution dans les taux de le GST, GSH et la CAT. Les taux des trois enzymes déterminés à partir de la fraction hépatique des souris injectées par l'insecticide Decis expert sont assez similaires pour les trois concentrations (100, 200, 400 Mg/kg/j) de l'extrait végétal.

Chez les lots ayant subis l'effet du CCl$_4$, les teneurs en GST et GSH restent assez importantes même en présence de l'extrait brut méthanolique par comparaison à celles des témoins. A l'inverse, chez les animaux injectés par le Decis expert, l'extrait végétal provoquent au niveau du foie une inhibition des taux de GSH et de GST.

Concernant le taux de la catalase (CAT), chez les sujets recevant des injections d'insecticide, on note une augmentation importante de l'ordre de 5,14 % par rapport à celle des témoins. Après les traitements avec les différentes concentrations d'extrait végétal, une baisse considérable de la catalase a été enregistrée. Les valeurs sont comprises entre 6,13 et 14,59 µmol/min/mg protéines. Dans le cas du CCl$_4$, l'extrait brut méthanolique provoque une diminution non négligeable à la concentration de 100 mg/kg/j (7,54 µmol/min/mg protéine).

3.3.5. Etude histopathologique

Les observations des coupes histologiques nous ont permis d'avoir une idée générale sur le pouvoir de détoxification de l'extrait de *Marrubium vulgare* vis-à-vis de l'intoxication par le CCl_4 et l'insecticide Decis expert. Globalement, une diminution des inflammations et des nécroses provoquées au niveau du tissu hépatique après l'emploi de l'extrait brut méthanolique.

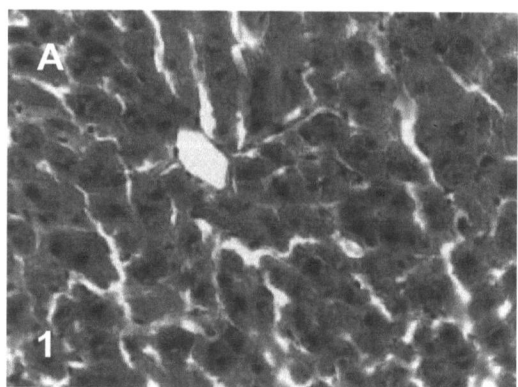

Figure n°31 : Structure histologique du foie chez les souris du lot témoin.

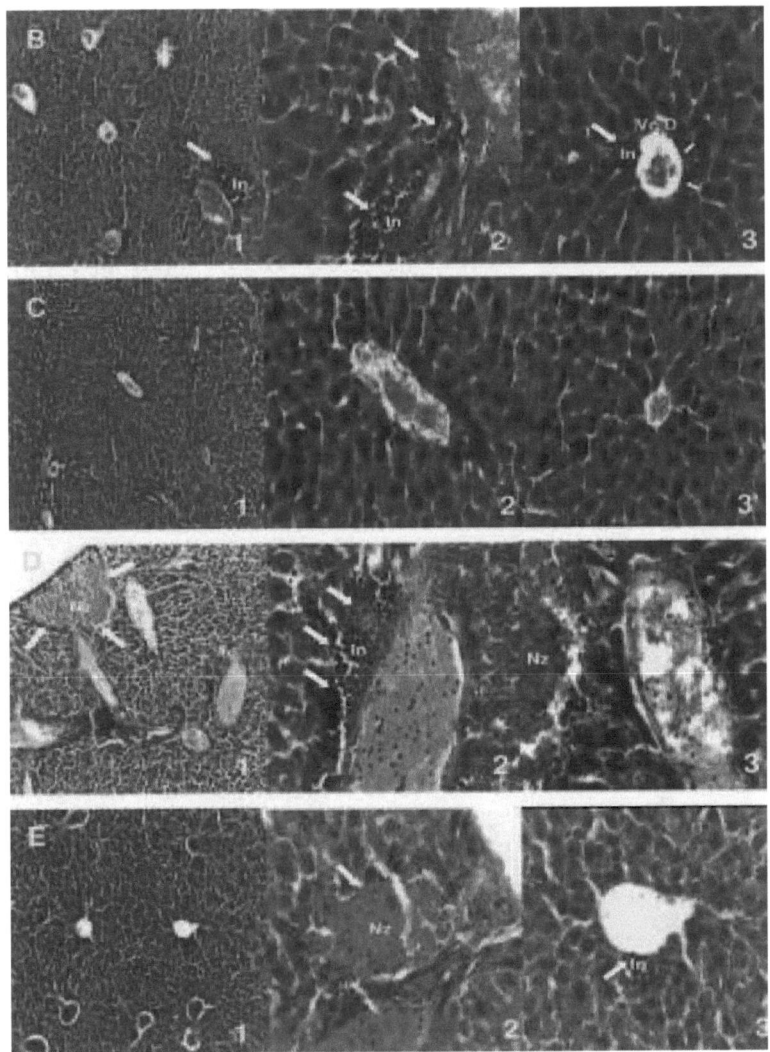

Figure n°32 : Effet de l'extrait brut méthanolique sur la structure histologique du foie chez les souris traitées par le CCl₄.

B : *Lot CCL₄,* ***C*** : *Lot CCL₄+100,* ***D*** : *Lot CCL₄+200,* ***E*** : *Lot CCL₄+400,* ***1****: Foie à faible grossissement (X40),* ***2*** *: Espace porte (X100),* ***3*** *: Veines centro-lobulaires (X100),* ***In*** *: Inflammation,* ***Nz*** *: Nécrose zonale,* ***Vc D*** *: Veines centro-lobulaires Dilatée.*

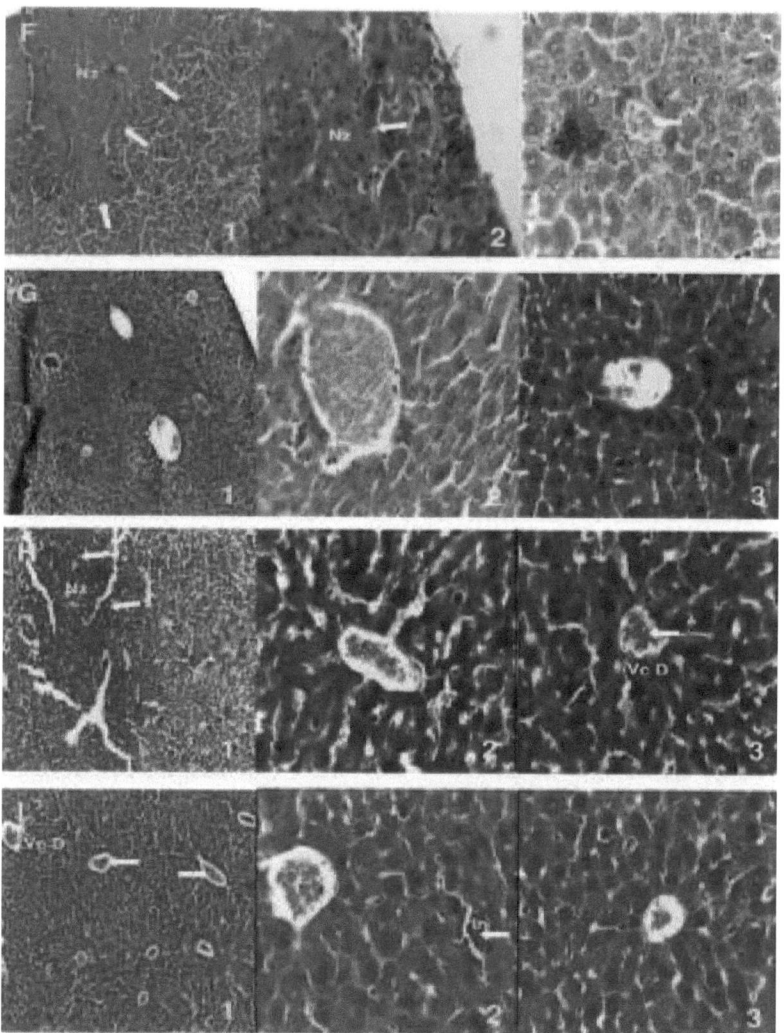

Figure n°33 : Effet de l'extrait brut méthanolique sur la structure histologique du foie chez les souris traitées par l'insecticide.

F : Lot Pes, **G** : Lot Pes+100, **H**: Lot Pes+200, **I** : Lot Pes+400. **1**: Foie à faible grossissement(X40), **2** : Espace porte (X100), **3** : Veines centro-lobulaires (X100). **In** : Inflammation, **Nz** : Nécrose zonale, **Vc D** : Veines centro-lobulaires Dilatée.

Chez les animaux du lot témoin, la structure hépatique (Figure n°31) montre des cellules polyédriques (hépatocytes), avec un noyau rond comportant une chromatine dispersée à la périphérie et un nucléole bien visible. Les hépatocytes forment des travées bien agencées autour de la veine centro-lobulaire. Ces travées sont séparées par des sinusoïdes. On note aussi une coloration rose caractéristique du cytoplasme (éosinophile) due à la présence de très nombreuses mitochondries. Le noyau des hépatocytes à structure basophile est coloré en bleu violacé.

Quant au lot témoin intoxiqué avec la concentration de 25 µl/kg/j de CCl_4, L'observation microscopique des coupes réalisées (Figure n°32.B) montre une inflammation du foie. Les veines centro-lobulaires dilatées indiquent une stase veineuse, apparition de congestion centro-lobulaire, inflammations aigue autours des espaces portes et des veines centro-lobulaires.

Le troisième lot des souris intoxiquées par le CCl_4 et traité par 100 mg/Kg/j d'extrait de la plante, présentent un foie ayant un aspect histologique sub-normal (Figure n°32.C). La dilatation veineuse (veines centro-lobulaires) est peu marquée, les hépatocytes sont bien agencées autour de la veine, l'inflammation des hépatocytes est minimale et le parenchyme hépatique ne présente aucune nécrose hépatocytaire.

L'utilisation de la concentration croissante de 200 mg/Kg/j entraîne, en plus de la congestion centro-lobulaire, une congestion périportale (autour des vaisseaux de l'espace porte entourant le lobule hépatique) (Figure n°32.D), l'abondance de foyers nécrotiques (Figure n°32.D.1) accompagnés d'infiltrats inflammatoires près de l'espace porte (Figure n°32.D.2).

Les coupes réalisées sur les tissus hépatiques du lot quatre composés de souris gavées par une concentration de 400 mg/kg/j d'extrait de la plante ne montrent aucune amélioration sur la modification structurale du tissu hépatique provoquée par le CCl_4 (Figure n° 32.E).

Chez les souris ayant reçu des injections péritonéale à l'insecticide, les mêmes observations que pour le CCl_4 ont été notées au niveau des coupes histologiques et ce pour les deux concentrations (200 et 400 mg/Kg/j). Les nécroses cellulaires deviennent zonales. De plus, on constate une dislocation des cellules hépatiques avec perte de jonctions cellulaires. Ainsi, les hépatocytes sont de plus grande taille et l'agencement des cellules autour de la veine centro-lobulaire n'est plus visible. On observe aussi chez ces animaux une vasodilatation accompagnée d'une altération de la paroi vasculaire (Figure n°33.F.H.I). Par contre, les souris traitées par 100 mg/kg/j d'extrait de la plante présentent des lésions hépatiques minimales (Figure n°33.G).

3.4. Analyses statistique
Les résultats d'analyse statistique sont mentionnés dans le tableau suivant :

Tableau n° 27: Résultats de la comparaison entre les moyennes des différents lots à l'aide de l'analyse de la variance à un critère de classification.

Variable	SV	ddl	SCE	CM	Fobs	P
Glucose	lots	8	1,546	0,193	1,52	0,184 NS
Cholestérol	lots	8	0,5046	0,0631	0,93	0,505 NS
Triglycéride	lots	8	6,395	0,799	2,10	0,062 NS
Protéine	lots	8	523	65	0,41	0,905 NS
Urée	lots	8	1,0448	0,1306	5,50	0,000 ***
Acide Urique	lots	8	8464	1058	6,65	0,000 ***
Albumine	lots	8	162,72	20,34	2,33	0,040 *
Créatinine	lots	8	307,48	38,44	7,82	0,000 ***
Poids corporels	lots	8	631,43	78,93	7,94	0,000 ***
Poids du foie	lots	8	1,658	0,207	2,00	0,075 NS
Poids relatif du foie	lots	8	5,31	0,66	0,64	0,739 NS
TGO	lots	8	413732	51716	52,00	0,000 ***
TGP	lots	8	22008	2751	10,50	0,000 ***
PAL	lots	8	23679	2960	3,00	0,011 *
γ-GT	lots	8	157,75	19,72	12,00	0,000 ***
CAT	lots	8	44322	5540	1,18	0,363 NS
GSH	lots	8	34,91	4,36	1,43	0,249 NS
GST	lots	8	13816	1727	3,29	0,017 *
Protéine de foie	lots	8	0,005627	0,000703	4,42	0,004 **

SV : *sources de variation.*
ddl : *degrés de liberté.*
SCE : *somme des carrés des écarts.*
CM : *carré moyen.*
Fobs : *valeurs observées de F de Fisher.*
P : *probabilité de mettre en évidence des différences significatives.*
P>α = 0,05 : *(NS) différence non significatives.*
P≤α = 0,05 : *(*) différence significatives.*
P≤ α = 0,01 : *(**) différence hautement significatives.*
P≤ α = 0,001 : *(***) différence très hautement significatives.*

Tableau n° 28: groupes de lots homogènes par variable : résultats du test de TUKEY.

Variable	Groupes de lots homogènes et leurs moyennes								Nombre de groupes
Glucose	L8 0,93	L9 1	L3 1,03	L6 1,05	L4 1,12	L5 1,12	L7 1,15	L1 1,47	L2 1,48	1
Cholestérol	L1 0,68	L8 0,78	L3 0,92	L2 0,94	L9 0,96	L7 0,96	L4 0,97	L6 0,98	L5 1,04	1
Triglycéride	L5 1,53	L8 1,54	L4 1,54	L1 1,57	L9 1,71	L3 1,96	L6 2,13	L2 2,37	L7 2,58	1
Protéine	L7 45,41	L2 48,60	L4 49,70	L6 49,94	L5 50,36	L1 50,92	L3 52,61	L9 56,20	L8 56,91	1
Urée	L8 0,22	L2 0,28	L4 0,29	L6 0,29	L7 0,30	L5 0,40	L9 0,50	L1 0,63	L3 0,65	2
Acide Urique	L7 9,40	L4 15,32	L6 21,56	L3 27,72	L8 28,42	L5 32,89	L1 35,67	L2 40,50	L9 58,69	3
Albumine	L2 21,36	L6 21,65	L5 23,08	L1 23,11	L8 23,99	L3 24,14	L9 25,85	L4 26,06	L7 27,28	1
Créatinine	L6 2,28	L2 3	L7 3,12	L8 3,69	L4 3,92	L5 4,64	L3 6,66	L1 8,10	L9 10,59	3
Poids corporels	L9 32,48	L8 32,98	L7 33,70	L6 34,08	L4 34,26	L5 35,82	L2 37,74	L3 38,04	L1 45,25	2
Poids du foie	L7 2	L9 2,22	L5 2,24	L4 2,30	L8 2,36	L2 2,44	L3 2,46	L6 2,52	L1 2,71	2
Poids relatif du foie	L3 6,18	L1 6,26	L5 6,68	L9 6,68	L3 6,73	L8 6,77	L7 6,96	L2 7,05	L6 7,34	1
TGO	L4 42,27	L3 44,31	L5 49,67	L1 59,57	L2 85,55	L6 224,26	L9 231,52	L7 238,91	L8 285,55	2
TGP	L4 35,10	L5 42,12	L1 52,94	L3 61,47	L9 66,78	L8 67,92	L2 76,27	L7 92,92	L6 109,17	4
PAL	L4 34,90	L2 60,18	L9 65,27	L3 70,60	L7 72,38	L1 74,10	L8 78,25	L5 78,78	L6 127,73	2
γ-GT	L1 0,00	L3 0,38	L5 0,81	L7 0,92	L2 0,94	L4 1,02	L6 1,58	L8 4,32	L9 5,90	2
CAT	L3 8,01	L7 10,11	L4 12,96	L9 13,04	L1 13,30	L8 13,65	L5 19,13	L2 19,31	L6 142,14	1
GSH	L3 0,79	L1 0,88	L5 1,23	L4 1,61	L8 1,76	L7 1,86	L2 1,93	L9 2,30	L6 4,84	1
GST	L1 3,59	L7 26,40	L9 30,44	L4 31,70	L3 32,35	L8 33,61	L5 45,67	L2 51,37	L6 91,89	2
Protéine de foie	L6 0,02	L2 0,03	L5 0,04	L4 0,04	L8 0,05	L3 0,05	L9 0,06	L7 0,06	L1 0,07	1

Tableau n° 29 : Résultats de la comparaison des moyennes par caractérisation des différents lots avec la moyenne du lot témoin, résultats du test de DUNNETT.

Variable	Groupes de moyennes semblable à celle du lot témoin, lots homogènes et leurs moyennes								Lots identique au lot témoin
Glucose	L8 0,93	L9 1,00	L3 1,03	L6 1,05	L4 1,12	L5 1,12	L7 1,15	L2 1,48	L1 1,47	L2, L3, L4, L5, L6, L7, L8, L9
Cholestérol	L8 0,78	L3 0,92	L2 0,94	L9 0,96	L7 0,96	L4 0,97	L6 0,98	L5 1,04	L1 0,68	L2, L3, L4, L5, L6, L7, L8, L9
Triglycéride	L5 1,53	L8 1,54	L4 1,54	L9 1,71	L3 1,96	L6 2,13	L2 2,37	L7 2,58	L1 1,57	L2, L3, L4, L5, L6, L7, L8, L9
Protéine	L7 45,41	L2 48,60	L4 49,70	L6 49,94	L5 50,36	L3 52,61	L9 56,20	L8 56,91	L1 50,92	L2, L3, L4, L5, L6, L7, L8, L9
Urée	L8 0,22	L2 0,28	L4 0,29	L6 0,29	L7 0,30	L5 0,40	L9 0,50	L3 0,65	L1 0,63	L5, L3, L9
Acide Urique	L7 9,40	L4 15,32	L6 21,56	L3 27,72	L8 28,42	L5 32,89	L2 40,50	L9 58,69	L1 35,67	L2, L3, L4, L5, L6, L8
Albumine	L2 21,36	L6 21,65	L5 23,08	L8 23,99	L3 24,14	L9 25,85	L4 26,06	L7 27,28	L1 23,11	L2, L3, L4, L5, L6, L7, L8, L9
Créatinine	L6 2,28	L2 3	L7 3,12	L8 3,69	L4 3,92	L5 4,64	L3 6,66	L9 10,59	L1 8,10	L1, L3, L5, L9
Poids corporels	L9 32,48	L8 32,98	L7 33,70	L6 34,08	L4 34,26	L5 35,82	L2 37,74	L3 38,04	L1 45,25	Aucun
Poids du foie	L7 2	L9 2,22	L5 2,24	L4 2,30	L8 2,36	L2 2,44	L3 2,46	L6 2,52	L1 2,71	L2, L3, L4, L5, L6, L8, L9
Poids relatif du foie	L4 6,18	L5 6,68	L9 6,68	L3 6,73	L8 6,77	L7 6,96	L2 7,05	L6 7,38	L1 6,26	L2, L3, L4, L5, L6, L7, L8, L9
TGO	L4 42,27	L3 44,31	L5 49,67	L2 85,55	L6 224,26	L9 231,52	L7 238,91	L8 285,55	L1 59,57	L2, L3, L4, L5
TGP	L4 35,10	L5 42,12	L3 61,47	L9 66,78	L8 67,92	L2 76,27	L7 92,92	L6 109,17	L1 52,94	L2, L3, L4, L5, L8, L9
PAL	L4 34,90	L2 60,18	L3 65,27	L9 70,60	L7 72,38	L8 78,25	L5 78,78	L6 127,73	L1 74,10	L2, L3, L4, L5, L6, L7, L8, L9
γ-GT	L3 0,38	L5 0,81	L7 0,92	L2 0,94	L4 1,02	L6 1,58	L8 4,32	L9 5,90	L1 0,00	L2, L3, L4, L5, L6, L7,
CAT	L3 8,01	L7 10,11	L4 12,96	L9 13,04	L8 13,65	L5 19,13	L2 19,31	L6 142,14	L1 13,30	L2, L3, L4, L5, L6, L7, L8, L9
GSH	L3 0,79	L1 1,23	L5 1,61	L4 1,76	L8 1,86	L7 1,93	L2 2,30	L9 4,84	L6 0,88	L2, L3, L4, L5, L6, L7, L8, L9
GST	L7 26,40	L9 30,44	L4 32,70	L3 32,35	L8 33,61	L5 45,67	L2 51,37	L6 91,89	L1 3,59	L2, L3, L4, L5, L7, L8, L9
Protéine de foie	L6 0,02	L2 0,03	L5 0,04	L4 0,04	L8 0,05	L3 0,05	L9 0,06	L7 0,06	L1 0,07	L3, L4, L5, L7, L8, L9

L1: *lot témoin,* **L2:** *lot CCl₄,* **L3:** *lot CCl+100,* **L4:** *lot CCl+200,* **L5:** *lots CCl+400,* **L6:** *lot Pesticide,* **L7:** *lot Pesticide+100,* **L8:** *lot Pesticide+200,* **L9:** *lot Pesticide+400.*

4. DISCUSSION

Parmi les paramètres étudiés, l'augmentation remarquable du poids relatif du foie nous indique une hépatomégalie provoquée par les deux produits chimiques le CCl_4 à la concentration de 25 µl/kg/j et l'insecticide à la concentration de 7µl/kg/j L'analyse de la variance à un seul critère de classification, révèle des différences très hautement significatives ($P \leq \alpha = 0,001$) pour le poids corporel. Cette anomalie du foie est un phénomène signalé par de nombreux auteurs à la suite de l'agression par le CCl_4 (Huang et *al.*, 2012).

Une baisse dans les teneurs en enzymes sériques TGP, TGO et PAL chez les souris en présence de l'extrait végétal Les analyses statistiques montrent des différences très hautement significatives avec $P \leq \alpha = 0,001$ pour les transaminases TGO et TGP, et significative avec $P \leq \alpha = 0,05$ pour l'enzyme PAL. Les enzymes sériques TGO, TGP, PAL, γ-GT sont des enzymes synthétisés au niveau du cytoplasme de la cellule et déchargées dans la circulation en cas de cellules endommagées (Singh et *al.*, 1998, Ozturk et *al.*, 2009). Ces derniers sont considérés comme de bons indicateurs de la cytolyse hépatique. Ainsi, des taux élevés des enzymes du foie, notamment TGO et TGP, sont fréquemment attribués aux effets métaboliques et/ou toxiques de différentes drogues comme les psychotropes (Himmerich et *al.,* 2005), l'alcool (Liappas et *al.,* 2006) et les agents polluants tels que les résidus de l'industrie (Michailova et *al.,* 1998). Dans notre cas, une variation dans les taux sériques de TGP et TGO entre les lots des souris intoxiquées par le CCl_4 et l'insecticide et traitées par les trois doses de l'extrait brut méthanolique de la plante (taux relativement faibles) et ceux des souris intoxiquées mais non traitées (concentrations élevées). Nos résultats sont en accord avec les investigations de Elberry et *al.,* 2010 sur des rats intoxiqués et non traités qui signalent une augmentation de la concentration sérique de TGP. Cette augmentation est moins accrue chez les sujets intoxiqués et traités.

Une activité antihépatotoxique certaine de l'extrait brut de la plante étudiée, puisque chez les animaux ayant reçus les doses d'extrait, il y a moins de TGO et TGP dans le sang par rapport aux animaux non traités. D'autre part, en tenant compte du retour très précoce à la normale du taux de TGP par rapport à celui de la TGO, nous pouvons déduire que l'extrait brut méthanolique exerce une action réparatrice plus précoce sur le cytoplasme que sur les organites cellulaires (localisation essentielle de la TGO).

L'évolution des concentrations sériques de γ-GT montre, elle aussi, une élévation plus importante chez les animaux non traités par comparaison aux témoins non traités. L'analyse de la variance à un seul critère de classification montre qu'il existe une différence très hautement significative avec un P≤ α = 0,001. Ce résultat traduit également une certaine protection du foie sous l'effet de l'extrait naturel et en particulier les voies biliaires. En effet, selon Rousseau (1978), l'augmentation de la concentration sérique de la γ-GT est un bon indicateur de l'atteinte des cellules épithéliales des canaux biliaires.

En ce qui concerne les autres métabolites biochimiques : triglycéride, cholestérol, marqueurs rénaux (Créatinine, Urée) et glucose, ils semblent être affectés par les inducteurs toxiques (CCl_4 et insecticide). Une augmentation des taux de lipides et des marqueurs rénaux. Selon les tests statistiques, il s'avère qu'il existe des différences très hautement significatives quant à l'urée, l'acide urique et la créatinine (P≤ α = 0,001) et seulement non significative pour les triglycérides et le cholestérol. D'après Halliwell (1991), cette élévation des taux des lipides serait liée à l'oxydation enzymatique du CCl_4 et sa transformation en CCl_3 libre au niveau de la membrane plasmique. Cette oxydation conduit à l'apparition de radicaux libres ou de formes toxiques de l'oxygène qui induisent une peroxydation lipidique aboutissant à la destruction des membranes cellulaires. Une autre explication est avancée par Muller et *al.*, (1974) qui affirme que l'intoxication par le CCl_4 est semblable à l'hépatite en cas de catabolisme de triglycérides. Cette situation pourrait être également attribuée à la réduction de l'activité de la lipase (Jahn et *al.*, 1985).

A l'état de santé, il existe un mécanisme de défense efficace pour empêcher et neutraliser les dommages induits par les radicaux libres. Ce mécanisme est assuré par un ensemble d'enzymes antioxydants endogènes tels que : GSH, GST et CAT. Ces enzymes constituent une équipe mutuellement de support de la défense contre les espèces réactives oxygénées (Venukumar and Latha, 2002).

Le GSH est l'un des tripeptides les plus abondants, largement distribué au niveau des hépatocytes. Ses fonctions sont principalement concernées par le déplacement de radicaux libres tels que H_2O_2 et radicaux de superoxyde (Fang et *al.*, 2003, Ogeturka et *al.*, 2005). Le glutathion constitue la première ligne de défense contre les radicaux libres (Ogeturka et *al.*, 2005) mais ces processus de défense ne sont pas complètement efficaces. Une bonne partie des ERO et des radicaux libres est donc neutralisée par des antioxydants exogènes présents dans les organismes végétaux autotrophes (plantes). L'augmentation des taux enzymatiques de la GSH, GST et CAT sous l'action des produits toxiques, le tétrachlorure et l'insecticide et leur diminution après gavage des extraits met en exergue les propriétés antihépatotoxique des substances naturelles de l'espèce *Marrubium vulgare*. L'analyse de la variance à un seul critère de classification, décèle des différences hautement significatives (P≤ α = 0,01) en ce qui concerne les protéines du foie, et seulement significatives (P≤α = 0,05) pour ce qui est du GST et non significatives (P>α = 0,05) pour les deux autres enzymes GST et CAT.

Les explications du mécanisme possible étant à la base des propriétés antihépatotoxiques de ces substances naturelles de *Marrubium vulgare* incluant la prévention de l'épuisement de GSH, GST, CAT et la destruction des radicaux libres. Ces deux facteurs sont probablement liés aux propriétés antihépatotoxiques de l'extrait végétal. Ces mêmes hypothèses sont avancées dans les travaux de Chandan et *al.*, (2007) et Raja et *al.*,(2007) obtenus à partir de *Aloe barbadensis* et *Cytisus scorparius*.

En outre, le potentiel efficace antioxydant est attribué aux propriétés antihépatotoxique des polyphénols de l'extrait brut méthanolique testé par Masella et *al.*, (2005). Ce potentiel antioxydant des principes actifs des plantes est appelé indice ORAC (Oxygen Radical Absorbance Capacity ou Capacité d'absorption des radicaux libres) par Glazer (1990), il permet d'évaluer la capacité antioxydante d'une substance et il est calculé au moyen d'un test qui porte le même nom.

L'activité antihépatotoxique de l'extrait brut méthanolique testé est par ailleurs confirmé par les coupes histologiques où il apparaît que les lésions hépatiques sont moins étendues chez les animaux intoxiqués et traités et que la cicatrisation intervient plutôt que chez les sujets intoxiqués non traités.

Les altérations histologiques observées au niveau des hépatocytes sont caractérisées par l'apparition des nécroses, des infiltrats inflammatoires, une congestion, des destructions des parois vasculaires, une perte des jonctions intercellulaires, une stase veineuse et l'apparition de nodules de régénération. Des altérations histologiques similaires ont été observées par Elberry et *al*., (2010), après traitement subaigu de rats Wistar au CCl_4 et à l'extrait méthanolique de l'espèce végétale *Marrubium vulgare*. D'après l'auteur, la réponse hépatique à ce xénobiotique impliquerait un mécanisme à la fois cytotoxique et régénératif.

5. CONCLUSION

Une perturbation dans les paramètres biochimiques sériques et hépatiques analysés ainsi que des lésions hépatocytaires localisées dans les zones centro-lobulaires sont observées à partir de l'étude hispathologique chez les souris témoins intoxiquées par le CCl4 et l'insecticide. Ces lésions régressent avec le temps chez les animaux intoxiqués et traités à l'extrait. Cette étude a permis donc de montrer encore une fois le potentiel antihépatotoxique de ces composés du métabolisme secondaire des végétaux. Il ressort clairement dans cette partie de travail qu'en plus de leur activité antibactérienne, antifongique, et antiradicalaire, les polyphénols totaux de la plante sont dotés d'un pouvoir régénératif et curatif contre l'hépatotoxicité induite par les produits xénobiotiques.

CONCLUSION GENERALE ET PERSPECTIVES

CONCLUSION GENERALE ET PERSPECTIVES

L'étude phytochimique des feuilles a permis d'obtenir un bon rendement en terme d'extrait brut sec (24,34%). L'extrait brut renferme une teneur non négligeable en phénols totaux égal à 17,08 mg EAG/ml. La présence de deux groupes de composés polyphénoliques appartenant à des familles potentiellement actives, les flavonoïdes et les tanins pourrait justifier l'utilisation massive de cette plante en médecine traditionnelle. Les rendements calculés indiquent une richesse de la plante en tanins avec une teneur de 11, 44% contre 5,9% en flavonoïdes. Les profils HPLC des différents chromatogrammes ont révélé la présence de nombreux métabolites avec des temps de rétention très variables dont les pics majoritaires sont aux nombre de quatre pour l'extrait brut méthanolique et l'extrait tanique et deux seulement pour l'extrait flavonoique. De plus, un même composé (pics avec le même temps de rétention) est retrouvé pour les deux extraits, extrait brut méthanolique et flavonoidique.

Ces principes actifs majeurs, les flavonoides et les tanins de la plante étudiée *Marrubium vulgare* possèdent diverses activités biologiques telles que les activités anti- antibactérienne et antifongique. En effet, de l'activité antimicrobienne évaluée par les tests *in vitro*, il ressort que les flavonoides et les tanins possèdent un pouvoir antimicrobien important sur les germes multirésistants responsables des maladies infectieuses. L'inhibition de la croissance varie en fonction de l'espèce bactérienne, de la nature et de la concentration du produit testé et aussi du milieu de culture. Les flavonoïdes semblent plus efficaces que les tanins vis à vis des bactéries. De toutes les souches bactériennes testées, cinq d'entre elles (*E.Coli.*12, *E.Coli* ATCC 25922, *Staphylococcus*, *E.Coli* 1429 et *Pseudomonas* 7244) se sont montrées très sensibles ; les zones d'inhibition dépassent le plus souvent celles provoquées par l'antibiotique, la rifampicine. Les tanins quant à eux, ils se sont avérés plus efficaces sur les souches fongiques. Les meilleures zones d'inhibition sont obtenues avec *Epidermophyton floccosum et Candida parapsilosis* sur milieu sabouraud. Ce fort pouvoir inhibiteur constaté en présence des tanins permet de leur attribuer l'effectivité de l'action antifongique mise en évidence lors de cette étude.

Par surcroît, les flavonoïdes et les tannins sont considérés comme les contributeurs majeurs de la capacité anti-oxydante des plantes. Ces substances sont dotées d'un pouvoir antiradicalaire élevé comparé à celui de l'acide ascorbique. Cependant l'extrait brut est plus actif que les extraits flavonoidique et tannique vis-à-vis du piégeage du radical libre DPPH. Tout de même, les flavonoïdes sont plus efficaces face à la réduction du fer (test FRAP). Ce fort pouvoir d'élimination des radicaux libres de l'extrait brut serait lié à la complexité en composés polyphénoliques présents et la synergie entre eux pour une meilleure activité antioxydant.

Finalement, le pouvoir de l'extrait brut contre le déséquilibre du statut redox cellulaire a été étendu à une hépatotoxicité induite par le CCl_4 et le pesticide. Les résultats obtenus ont permis d'affirmer que l'extrait de la plante étudiée présente des activités hépatoprotectrice assez intéressantes. Une diminution dans la concentration des paramètres biochimiques et des transaminases (TGO et TGP) est notée chez les souris traitées par rapport à celles des témoins non traitées. L'augmentation des taux enzymatiques de la GSH, GST et CAT sous l'action des produits toxiques CCl4 et Decis et leur diminution après gavage des extraits met en exergue les propriétés curatives et hépatoprotectrices des substances naturelles de l'espèce *Marrubium vulgare*. Ce potentiel efficace pourrait être lié aux polyphénols totaux de l'extrait brut testé.

Ce potentiel est par ailleurs confirmé par les tests de l'activité antihépatotoxique à travers les coupes histologiques. Les altérations observées au niveau des cellules hépatiques des lots intoxiqués par le CCl4 et n'ayant pas reçus l'extrait de la plante sont caractérisées par l'apparition de nécroses, des infiltrats inflammatoires, une congestion et destruction des parois vasculaires, une perte de jonction intercellulaire et une stase veineuse. Cependant, en cas d'administration de l'extrait brut de la plante, l'étude histologique des coupes de foie des différents lots en question montre que le foie des animaux intoxiqués par le CCl_4 et le pesticide sont dans une certaine mesure en état de récupération beaucoup plus avancé que celui des animaux des lots témoins intoxiqués non traités. Cela semble être plus évident pour la dose de 100 mg/kg/j de l'extrait.

Les résultats obtenus mettent en exergue, l'effet prometteur de l'extrait brut des feuilles du *Marrubium vulgare* quant à leur pouvoir antiseptique (antibactérien et antifongique), antioxydant et antihépatotoxique contre l'intoxication aiguë provoquée par le tétrachlorure de carbone ou l'insecticide Decis expert.

En perspectives, l'effet antihépatotoxique observé pourrait être amélioré par l'utilisation des concentrations plus faibles que celles testées, voire même inférieures à 100 mg/kg/j mais aussi l'investigation de mélanges d'extrait à base de plusieurs plantes.

D'autre part, les résultats obtenus de l'étude de l'activité antimicrobienne confirment que les extraits tanique et flavonoïdique pourraient bien rivaliser les produits chimiques synthétiques. Néanmoins, la purification et l'identification des flavonoïdes et des tanins ayant une activité antiseptique restent fortement recommandée pour approfondir non seulement les connaissances sur les différentes molécules pourvues de cette activité mais aussi pour cerner d'une manière plus fine les différentes actions possibles de ces composés et leur synergie. Ceci permettra dans le futur la synthèse de molécules potentiellement actives et des applications *in vivo* dans le traitement des certaines pathologies pourraient être envisagées pour valider ces premiers résultats.

REFERENCES BIBLIOGRAPHIQUES

Albano S. M., Miguel M.G., 2011. Biological activities of extracts of plants grown in Portugal. Industrial Crops and Products. 33: 1-6.

Amič D., Davidovic´-Amic´ D., Beslo D., Trinajstic´ N., 2003. Structure-radical scavenging activity relationships of flavonoids. Croatica Chemica Acta. 76: 55-61.

Anonyme : Fiches signalétiques AGRITOX. 2008. AGRITOX - Base de données sur les substances actives phytopharmaceutiques. Deltamethrine in http://www.agritox.anses.fr/php/fiches.php.

Ashkenazy D., Friedman J., Kashman Y., 1983. The furocoumarin composition of Pituranthos triradiatus. Journal of Medicinal Plant Research, 47: 218-220.

Athamena S., Chalghem I., Kassah-Laouar A.,Laroui S., Khebri S., 2010. Activité antioxydante et antimicrobienne d'extraits de *Cuminum cyminum* L. Lebanese Science Journal. 11 (1) : 69-81.

Barasch A., Griffin A.V., 2008. Miconazole revisited: new evidence of antifungal efficacy from laboratory and clinical trials. *Future Microbiology*. 3: 265-269.

Baudrimont I., Ahouandjivo R., Creppy E.E., 1997. Prevention of lipid peroxidation induced by ochratoxin A in Vero cells in culture by several agents. Chemico-Biological Interactions. 104: 29-40.

Bellakhdar J., 1997. Médecine Arabe Ancienne et Savoirs Populaires La pharmacopée marocaine traditionnelle. IBS Press. pp. 340-341.

Benzie I.F., Strain J., 1996. The ferric reducing ability of plasma (FRAP) as a measure of antioxidant power: The FRAP assay. Analytical Biochemistry. 239 : 70-76.

Bisson M., Heuze G., Joachim S., Lacroix G., Lefevre J.P., Strub M.P., 2005. Fiche de donnes toxicologiques et environnementales des substances chimiques, Tétrachlorure de carbone. INERIS. Version 2 : 5-7.

Bonnier G., 1909, La Végétation de la France, Flore Complète. Tome 09. Ed : Suisse et Belgique. Paris. pp. 25-26.

Bossche V.H., Engelen M., Rochette F., 2003. Antifungal agents of use in animal health –chemical, biochemical and pharmalogical aspects. Journal of Veterinary Pharmacology and Therapeutics. 26: 5-29.

Boudjelal A., 2012. Extraction et détermination des activités biologiques de quelques extraits actifs de plantes spontanées de la région de M'sila, Algérie. Thèse de doctorat, Université badji Mokhtar. Annaba. 61 p.

Boukef M.K., 1986. Médecine Traditionnelle et Pharmacopée, Les plantes de la médecine traditionnelle tunisienne, Agence de Coopération Culturelle et Technique. Paris. France. pp.163-164.

Bouquet A., 1972. Plantes Médicinales du Congo Brazzaville. Ed: O.R.S.T.O.M.

Bourgaud F., Gravot A., Milesi S., Gontier E., 2001. Production of plant secondary metabolites: a historical perspective. Plant Science. 161: 839-851.

Bradford M.M., 1976. A rapid and sensitive for the quantitation of microgram quantities of protein utilizing the principle of protein-dye binding. Analytical Biochemistry. 72: 248-254.

Brent J.A., Rumack B.H., 1993. Role of free radicals in toxic hepatic injury. Clinical Toxicology. 31: 173-196.

Bruneton J., 1987. Eléments de phytochimie et de pharmacognosie, Ed : Tec & Doc Lavoisier. Paris. 584p.

Bruneton J., 1999. Pharmacognosie, Phytochimie, Plantes médicinales, 3ème Ed : Tec & Doc Lavoisier. Paris. 1120 p.

Bruneton J., 2001. Plantes toxiques : Végétaux dangereux pour l'homme et les animaux. 2éme Ed : TEC & DOC. Paris. 337 p.

Bubonja-Sonje M., Giacometti J., Abram M., 2011. Antioxidant and antilisterial activity of olive oil, cocoa and rosemary extract polyphenols. Food Chemistry. 127: 1821-1827.

Chabot S., Bel-Rhlid R., Chênevert R., Piché Y., 1992. Hyphal growth promotion *in vitro* of the VA mycorrhizal fungus, Gigaspora margarita Becker & Hall, by the activity of structurally specific flavono d compounds under CO_2- enriched conditions. New Phytologist. 122: 461-467.

Chandan B.K., Sexenam A.K., Shukla S., Sharma N., Gupta D.K., Suri K.A., 2007. Hepatoprotective potential of *Aloe barbadensis* mill. against CCl_4

induced hepatotoxicity. Journal of Ethnopharmacology. 111: 560-6.

Chen H.Q., Jin Z.Y., Wang X.J., Xu X.M., Deng L., Zhao J.W., 2008. Luteolin protects dopaminergic neurons from inflammation-induced injury through inhibition of microglial activation. Neuroscience Letters. 448 (2) :175-9.

Claiborne A., 1985. Catalase activity. Handbook of methods of oxygen radicals research. CRC Press, pp. 283-284.

Collat C., 1999. Hepatitis and employement: Liver and toxic substances in the work place. Available from: http://www.hepatitis.org/hepaetravail_angl.htm.

Couraud S., Girodet B., Vuillermoz S., Vincent M., 2006. Thrombopénie immunoallergique à la rifampicine, à propos d'un cas Rifampin induced thrombocytopenia. Revue Française d'Allergologie. 46 (7) : 656-658.

Cowan M.M., 1999. Plant Products as antimicrobial agents. Clinical Microbiology Reviews. 12 (4): 564-582.

Crété P., 1965. Précis de Botanique : Systématique des Angiospermes. Tome II. 2e Ed: Masson, Paris. pp. 368-371.

Daglia M., 2011. Polyphenols as antimicrobial agents. Current Opinion in Biotechnology. 23: 1-8.

Dagnelie P., 2009. Statistique théorique et appliquée. 2eme Edition, Volume 2. De Boeck et Larcier, 734 p.

Develoux M., 2001. Griséofulvine = Griseofulvin. Annales de dermatologie et de vénéréologie. 128 (12): 1317-1325.

Dey P.M., Harborne J.B., 1991. Methods in plant biochemistry. Terpenoids. London Academic press. pp.7.

Doss A., Mohammed Mubarack H., Dhanabalan R., 2009. Antibacterial activity of tannins from the leaves of *Solanum trilobatum* L. Indian Journal of Science and Technology. 2: 41-43.

Dwivedi S., Sharma R., Sharma A., Zimniak P., Ceci J.D., Awasthi Y.C., Boor P.J., 2006. The course of CCl_4 induced hepatotoxicity is altered in m GST A4-4 null mice. Toxicology. 218: 58-66.

Edziri H., Ammar S., Groh P., Mahjoub M.A., Mastouri M., Gutmann L., Zine M., Aouni M., 2007. Antimicrobial and cytotoxic activity of *Marrubium alysson* and *Retama retama* in Tunisia. Pakistan Journal of Biological Sciences. 10: 1759-1762.

Elberry A.A., Fathalla M., Harraz A., Ghareib S., Ayman A., Nagy S.A., Gabr M.I., Abdel-Sattar E., 2010. antihepatotoxic effect of *Marrubium vulgare* and *Withania somnifera* extracts on carbon tetrachloride-induced hepatotoxicity in rats. Journal of Basic and Clinical Pharmacy. 1(4): 247-254.

Elberry A.A., Fathalla M., Harraz B., Salah A., Ghareib C., Salah A., Gabr D., Ayman A., Nagy E., Essam Abdel-Sattar f., 2011. Methanolic extract of *Marrubium vulgare* ameliorates hyperglycemia and dyslipidemia in streptozotocin-induced diabetic rats. International Journal of Diabet Mellitus. 2: 171-177.

Fang J., Sawa T., Maeda H., 2003. Factors and mechanism of EPR effect and the enhanced antitumor effects of macromolecular drugs including SMANCS. Advances in Experimental Medicine and Biology. 519: 29-49.

Fleurentin J., Joyeux M., 1990. Les tests *in vivo* et in *vitro* dans l'évaluation des propriétés anti-hépatotoxiques de substances d'origine naturelle. Ed. ORSTOM, pp. 248-269.

Fromtling R.A., 1988. Overview of medically important antifungal azole derivatives. Clinical Microbiology Reviews. 1 : 187-217.

Ganescu I., Bratulescu G., Lilea B., Ganescu A., 2002. Anions complexes du chrome en analyse et le contrôle des médicaments, détermination de la Rifampicine. Acta Chimica Slovenica. 49, 330-339.

Gaussen H., et Leroy H. F. 1982. Précis de botanique, végétaux supérieurs, 2éme Ed : Masson. Paris. 426 p.

Glazer A.N., 1990. Phycoerythrin fluorescence-based assay for reactive oxygen species. Methods in Enzymology. 186: 161-8.

Guignard J.L., 2001. Botanique systématique moléculaire. Ed: Masson. Paris. 290 p.

Guillouzo A., Clerc C., Malledant Y., Chesne C., Ratanasavanh D., Gugen-Guillouzo C., 1989. Modèles d'étude de la cytoprotection hépatique. Gastroentérologie Clinique et Biologique. pp. 725-730.

Gulcin I., Huyut Z., Elmastas M., Aboul-Enein H.Y., 2010. Radical scavenging and antioxidant activity of tannic acid. Arabian Journal of Chemistry. 3: 43-53.

Habig W.J., Pabst M.J., Jacoby W.B., 1974. Glutathione S-transferase, the first enzymatic step in mercapturic acid formation. Journal of Biological Chemistry. 249: 7130-7139.

Halliwell B., 1991. Reactive oxygen species in living systems: source, biochemistry and role in human disease. American Journal of Medicine. 91: 14-22.

Hatzidimitriou E.F., Nenadis N., Tsimidou M.Z., 2007. Changes in the catechin and epicatechin content of grape seeds on storage under different water activity (aw) conditions. Food Chemistry. 105: 1504-1511.

Herrera A.A., Aguilar S.L., et *al.*, 2004. Clinical trial of *Cecropia obtusifolia* and *Marrubium vulgare* leaf extracts on blood glucose and serum lipids in type 2 diabetics. Phytomedicine. 11(8): 561-6.

Hikino H.K., Wagner H Y., Fieig M., 1984. Antihépatotoxic actions of flavonolignans from *Silybum marianum* fruits. Planta Medica. 50: 248-50.

Himmerich H., Kaufmann C., Schuld A., Pollmacher T., 2005. Elevation of liver enzyme levels during psychopharmacological treatment is associated with weight gain, Journal of Psychiatric Research. 39: 35-42.

Hu F.B., 2003. Plant-based foods and prevention of cardiovascular disease: an overview. American Journal of Clinical Nutrition. 78: 544-551.

Huang Q.F., Zhang S.J., Zheng L., He M., Huang R.B., Lin X. 2012. Hepatoprotective effects of total saponins isolated from *Taraphochlamys affinis* against carbon tetrachloride induced liver injury in rats. Food and Chemical Toxicology 50: 713-718.

Iqbal M., Sharma S.D., Okazaki Y., Jujisawa M., Okada S., 2003. Dietary supplementation of curcumin enhanced antioxidant and phase II metabolizing enzymes in ddY male mice: Possible role in protection against chemical carcinogenesis and toxicocity. Pharmacology and Toxicology. 92: 33-38.

Jahn C.E., Schaegfetr E.J., Taam L.A., Hoofnagle J.H., Lindgren F.T., Albers J.J., Jones E.A., Brever H.B., 1985. Lipoprotein abnormalities in primary biliary cirrhosis association with hepatic lipase inhibition as well as altered cholesterol esterification, Gastroenterology. 89: 1266-1278.

Javanovic S.V., Steenken S., Tosic M., Marjanovic B., Simic M.J., 1994. Flavonoids as antioxidants. Journal of the American Chemical Society. 116: 4846-4851.

Jeong S.M., Kim S.Y., Kim D.R., Jo S.C., Nam K.C., Ahn D.U., Lee S.C., 2004. Effects of heat treatment on the antioxidant activity of extracts from *citrus peels*. Journal of Agriculture and Food Chemistry. 52: 3389–3393.

Jones W.P., Kinghorn A.D., 2005. Extraction of plant secondary metabolites. Natural products isolation. Humana Press (Totowa). pp: 323-411.

Judd W.S., Campbell C.S., Kellogg E.A., Steven P., 2002. Botanique systématique: Une perspective phylogénétique. 1ere Ed : Paris et Bruxelles. pp. 369-384.

khalil A., dababneh B.F., Al-gabbiesh A.H., 2009. Antimicrobial activity against pathogenic microorganisms by extracts from herbal jordanian plants. Journal of Food Agriculture and Environment. 7 (2): 103-106.

Kanyonga P.M, Faouzi M.A, Meddah B, Mpona M, Essassi E.M, Cherrah Y., 2011. Assessment of methanolic extract of *Marrubium vulgare* for antiinflammatory, analgesic and anti-microbiologic activities. Journal of Chemical and Pharmaceutical Research. 3: 199-204.

Kar A., 2007. Pharmacognosy and Pharmabiotechnologie; 2éme Ed: New Age International Publishers. pp. 1-30.

Karamali K., Teunis V. R., 2001. Tannins: Classification and Definition. Natural Product Reports. 18: 641–649.

Ketsawatsakul U., Whiteman M., Halliwell B., 2000. A reevaluation of the peroxynitrite scavenging activity of some dietary phenolics. Biochemical and Biophysical Research Communications. 279: 692-699.

Laguerre M., Lecomte J., Villeneuve P., 2007. Evaluation of the ability of antioxidants to counteract lipid oxidation: Existing methods, new trends and challenges. Progress in Lipid Research. 46: 244-282.

Lalla R.V., Latortue M.C, Hong C.H, et al. 2010. A systematic review of oral fungal infections in patients receiving cancer therapy. Support Care Cancer. 18(8): 985–992.

Liappas I., Piperi C., Malitas P.N., Tzavellas E.O., Zisaki A., Liappas A.I., Kalofoutis C.A., Boufidou F., Bagos P., Rabavilas A., Kalofoutis A., 2006. Interelationship of hepatic function, thyroid activity and mood status in alcohol-dependent individuals *In vivo*. 20: 293- 300.

Litchfield J.T., Wilcoxon F., 1949. A simplified method of evaluating dose-effect. Journal of Pharmacology and Experimental Therapeutics. 96: 99-113.

Mansouri A., EmbarekG., Kokkalou E., kefalas P., 2005. Phenolic profile and antioxydant activity of the Algerian ripe date fruit (*phonix dactylifera*). Food Chemistry. 89: 411-420.

Marfak A., 2003. Radiolyse gamma des flavonoides: Etude de leur réactivité avec les radicaux issus des alcools: formation des depsides. Thèse de doctorat. Universités de Limoges, pp. 24-42.

Martin E., Feldmann G., 1983. Histopathologie du foie et des voies biliaires de l'adulte et de l'enfant. Ed: Masson. Paris. 357 p.

Masella R., Benedetto R.D., Vari R., Filesi C., Giovannini C., 2005. Novel mechanisms of natural antioxidant compounds in biological system: involvement of glutathione and glutathione-related enzymes. Journal of Nutritional Biochemistry 16 : 577-586.

Mates J.M., 2000. Effects of antioxidant enzymes in the molecular control of reactive oxygen species toxicology. Toxicology. 153: 83-104.

Matkowski A., Piotrowska P., 2006. Antioxidant and free radical scavenging activities of some medicinal plants from the Lamiaceae. Fitoterapia. 77: 346-353.

Meyre S.C., Yunes R.A., Schlemper V., Campos-Buzzi F., Cechinel-Filho V., 2005. Analgesic potential of marrubiin derivatives, a bioactive diterpene presentin

Marrubium vulgare (Lamiaceae). II Farmaco. 60: 321–326.

Michailova A., Kuneva T., Popov T., A 1998. Comparative assessment of liver function in workers in the petroleum industry, International Archives of *Occupational* and Environmental Health. 71: 46-49.

Micheau A., et Hoa D., 2012. Anatomie du système digestif et de la cavité abdominale in www.imaios.com.

Milan S.S. 2011. Total phenolic content, flavonoid concentration and antioxidant activity of *Marrubium peregrinum* l. extracts. Journal of Science. 33: 63-72.

Minitab (X, 2006). Introduction à minitab, Version 16, pour Windows.

Mori A., Nishino C., Enoki N., Tawata S. 1987. Antibacterial activity and mode of action of plant flavonoids against Proteus vulgaris and Staphylococcus aureus. Phytochemistry. 26: 2231-2234.

Moussaid M., Elamrani A.A., Berhal C., Moussaid H., Bourhim1 N., Benaissa M., 2012. Comparative evaluation of phytochemical and antimicrobial activity between two plants from the *Lamiaceae* family:

Marrubium vulgare (L.) and *Origanum majorana* (L.). International Journal of Natural Products Research. 1 (1) : 11-13.

Mubashir H.M., Iqbal Zargar M., Bahar Ahmed A., Saroor A.K., Shamshir K., Singh P., 2009. Evaluation of Antimicrobial Activity of Aqueous Extract of *Marrubium vulgare* L. Journal of Research and Development. 9: 53-56.

Muller P., Fellin R., Lambreacht J., Agostini B., Wicland H., Rost W., Sadel D., 1974. Hypertriglyceridemia, secondary to liver disease, European Journal of Clinical Investigation. 4: 419-428.

Nair R., Chanda S., 2005. Anticandidal activity of *Punica granatum* exhibited in different solvents. Pharmaceutical Biology. 43: 21-5.

Naik S.R., Panda V.S., 2007. Antioxidant and hepatoprotective effects of Ginkgo bilobaphytosomes in carbon tetrachloride-induced liver injury in rodents. Liver International. 27 : 393–399.

Novaes A.P., Rossi C., et *al.*, 2001. Preliminary evaluation of the hypoglycemic effect of some Brazilian medicinal plants. Therapie. 56 (4) : 427-30.

Ogeturka M., Kusa I., Colakoglub N., Zararsiza I., Ilhanc N., Sarsilmaz M., 2005. Caffeic acid phenethyl ester protects kidneys against carbon tetrachloride toxicity in rats. Journal of Ethnopharmacology. 97 : 273–280.

Orhan E., Belhattab R., Senol F.S., Gülpinar A.R., Hosbas S., Kartal M., 2010. Profiling of cholinesterase inhibitory and antioxidant activities of *Artemisia absinthium*, *A. herba-alba*, *A. fragrans*, *Marrubium vulgare*, *M. astranicum*, *Origanum vulgare* subsp. *glandulossum* and essential oil analysis of two *Artemisia species*. Industrial Crops and Products 32: 566–571.

Ouattara Y., Boblewendé S., Jacques S., Issiaka Z.K., Innocent P., Guissou L. S., 2003. Evaluation de l'activité hépatoprotectrice des extraits aqueux de plantes médicinales face à une hépatotoxicité létale induite chez la souris. Annales de l'Université de Ouagadougou. 1 : 16-40.

Ozenda P., 2004. Flore et végétation des sahara. 3éme Ed : CNRS édition. Paris. pp.399-402.

Ozturk I.C., Ozturk F., Gul M., Ates B., Cetin A., 2009. Protective effects of ascorbic acid on hepatotoxicity and oxidative stress caused by carbon tetrachloride in the liver of Wistar rats. Cell Biochemistry and Function. 27: 309–315.

Paris (R .).*B rill. Suc. BDt.,* 1954, 101, p. 457.

Paris R.R., Moyse H., 1976. Matière Médicale. Tome I. 2eme Ed : Masson, Paris. 406 p.

Paris M., Hurabielle M., 1980. Abrégé de matière médicale Pharmacognosie. Tome 1ere Ed : Masson. Paris. pp. 82-89.

Pelt J.M., 2001. Les nouveaux actifs naturels. Marabout. Paris. 219-124.

Perez C., Paul M., Bazerque P., 1990. An antibiotic assay by the agar-well diffusion method. ACTA Bio-Medica Experimental. 15: 113-5.

Pokorny J., Yanishlieva N., Gordon M., 2001. Antioxydants in food, Practical applications. Woolhead Publishing Limited. ISBN: 185573-463X.

Popovici C., Saykova I., Tylkowski B., 2009. Evaluation de l'activité antioxydant des composés phénoliques par la réactivité avec le radical libre DPPH. Revue de génie industriel. 4 : 25-39.

Quatresooz P., Vroome V., Borgers M., Cauwenbergh G., Pierard G.E., 2008. Novelties in the multifaceted miconazole effects on skin disorders. Expert Opinion on Pharmacotherapy. 9 : 1927-1934.

Quezel P., Santa, S., 1963. La nouvelle flore de l'Algérie et des régions désertiques mérionales. Tome II, Ed : CNRS. Paris. 360-361 p.

Raja S., Nazeer Ahameda K.F.H., Kumara V., Mukherjee K., Bandyopadhyay A., Mukherjee P.K., 2007. Antioxidant effect of Cytisus scoparius against carbon tetrachloridetreated liver injury in rats. Journal of Ethnopharmacology. 109: 41-7.

Raynaud J., 2007. Prescription et conseil en phytothérapie. Ed : Tec & Doc. Paris. 149 p.

Rhayour K., 2002. Etude du mécanisme de l'action bactéricide des huiles essentielles sur *Esherichia coli, Bacillus subtilis* et sur *Mycobacterium phlei et Mycobacterium fortuitum*, Thèse de doctorat.

Université Sidi Mohamed Ben Abdellah. Fès. Maroc.158 p.

Recknagel R.O.J., Glender E.A., Britton R.S., 1991. Free radical damage and lipid peroxidation. CRC Press. Florida. pp. 401-436.

Ricardo da Silva J.M., Darmon N., Fernandez Y., Mitjavila S., 1991. Oxygen free radical scavenger capacity in aqueous models of different procyanidins from grape seeds. Journal of Agricultural and Food Chemistry, 39: 549-1552.

Rice-Evans C.A., Miller N.J., Paganga G., 1996. Structure-antioxydant activity relationships of flavonoids and phenolic acids. Free Radical Biology and Medicine. 20(7): 933-956.

Rigano D., Apostolides A. N., Bruno M., Formisano C., Grassia A., Piacente S., Piozzi F., Senatore F., 2006. Phenolic compounds of *Marrubium globosum ssp. libanoticum* from Lebanon. Biochemical Systematics and Ecology. 34: 256-260.

Roman R.R., Alarcon-Aguilar F., et *al.*, 1992. Hypoglycemic effect of plants used in Mexico as antidiabetics. Archives of Medical Research. 23(1): 59-64.

Rousseau P.A.J., 1978. Intérêt diagnostique du dosage de certains enzymes plasmatiques en pathologie hépatique bovine : étude bibliographique expérimentale. Thèse de doctorat : vétérinaire. Université Paris-Est Créteil. 89 p.

Sahpaz S., Hennebelle T., Bailleul F., 2002. Marruboside, a new phenylethanoid glycoside from *Marrubium vulgare* L. Natural Product Letters. 16(3): 195-9.

Salah N., Miller N.J., Paganga G., Tijburg L., Bolwell G.P., Rice-Evans C.A., 1995. Polyphenolic flavanols as scavengers of aqueous phase radicals and as chain-breaking antioxidants. Archives of Biochemistry and Biophysics. 339-346.

Sanchez-Moreno C., 2002. Review: Methods used to evaluate the free radical scavenging activity in foods and biological systems. Food Science and Technology International. 8: 121- 137.

Sandhar H.K., Kumar B., Prasher S., Tiwari P., Salhan M., Sharma P., 2011. A Review of Phytochemistry and

Pharmacology of Flavonoids. International Pharmaceutica Sciencia. 1 (1): 25-41.

Sarac N., Ugur A., 2007. Antimicrobial activities and usage in folkloric medicine of some Lamiaceae species growing in mugla, turkey. Eurasian journal of biosciences. 4 : 28-37.

Sarker S.D., Latif Z., Gray A.I., 2005. Natural products isolation. Humana Press (Totowa). Pp: 1-23.

Scalbert A., 1991. Antimicrobial properties of tannins. Phytochemistry. 30: 3875-3883.

Seidel V., 2005. Initial and Bulk Extraction. Natural products isolation. Humana Press (Totowa). pp: 27-37.

Siddhuraju P., Becker K., 2007. The antioxidant and free radical scavenging activities of processed cowpea (*Vigna unguiculata* (L.) Walp.) seed extracts. Food Chemistry. 101(1) : 10-19.

Singh B., Saxena A.K., Chandan B.K., Anand K.K., Suri O.P., SuriSatti K.A., SuriSatti N.K., 1998. Hepatoprotective activity of verbenalin on experimental liver damage in rodents. Fitoterapia. 69: 134–140.

Singleton V.L., Orthofer R., Lamuela-Raventós R.M., 1999. Analysis of total phenols and other oxidation substrates and antioxidants by means of Folin-Ciocalteu reagent. Methods in Enzymology. Orlando Academic Press: 152-178.

Solfo R.R., 1973. Etude d'une Plante Médicinale Malgache *Buxus madagascarica Bail* et ses variétés. Ed : O.R.S.T.O.M.

Sowunmi S., Ebewele R.O., Peters C.A.H., 2000. Differential scanning calorimetry of hydrolysed mangrove tannin, Ed Polym Int Polymer International. 49: 574-578.

Su X., Duan J., Jian Y., Shi J. Kakuda Y., 2006. Effect of soaking conditions on the antioxidant potenials of oolong tea. Journal of Food Composition and Analysis. 19 : 348-353.

Torres R., Faini F., Modak B., Urbina F., Labbe' C., Guerrero J., 2006: Antioxidant activity of coumarins and flavonols from the resinous exudate of *Haplopappus multifolius*. Phytochemistry. 67: 984–987.

Ulukanli Z., Akkaya A., 2011. Antibacterial Activities of *Marrubium catariifolium* and *Phlomis pungens Var. Hirta* Grown Wild in Eastern Anatolia, Turkey. International Journal of Agriculture and Biology. 13 : 105-109.

Van Cutsem J.M., Thienpont D., 1972. Miconazole, a broad-spectrum antimycotic agent with antibacterial activity. Chemotherapy. 17 (6) : 392-404.

Vanden Bossche H., Engelen M., Rochette F., 2003. Antifungal agents of use in animal health-chemical, biochemical and pharmalogical aspects. Journal of Veterinary Pharmacology and Therapeutics. 26: 5-29.

Venukumar M.R., Latha M.S., 2002. Antioxidant activity of *Curculigo orchioides* in carbon tetrachloride-induced hepatopathy in rats. Indian Journal of Clinical biochemistry. 17: 80–87.

Vermerris W., Nicholson R., 2006. Phenolic compound chemistry. Ed: SPRINGER. p: 1-70.

Verpoorte R., 2002. La pharmacognosie du nouveau millénaire: pistes et biotechnologies. Des sources du savoir aux médicaments du futur, 4e congrès européen d'ethnopharmacologie. IRD Ed: Paris, 274 p.

Vitor R.F., Mota-Filipe H., Teixeira G., 2004. Flavonoids of an extract of *Pterospartum tridentatum* showing endothelial protection against oxidative injury. Journal of Ethnopharmacology. 93 (23): 363-70.

Warda1 K., Markouk1 M., Bekkouche1 K., Larhsini M., Abbad1 A., Romane A., and Bouskraoui M., 2009. Antibacterial evaluation of selected Moroccan medicinal plants against *Streptococcus pneumonia*. African Journal of Pharmacy and Pharmacology. 3(3): 101-104.

Weckberker G., Cory G., 1988. Ribonucléotide reductase activity abd growth of glutathione depleted mouse leukemial 1210 cells *in vitro*. Cacer letters. 40 : 257-264.

Wichtl M., Anton R., 2003. Plantes thérapeutiques : Traditions, Pratique officinale, Sciences et Thérapeutique. 2e Ed : TEC & DOC. Paris. pp. 1-364.

Yala D., Merad A.S., Mohamedi D., Ouar Korich M.N., 2001. Résistance bactérienne aux antibiotiques. Médecine du Maghreb. 91. p 12.

Yildirim A., Mavi A., Kara A.A., 2001. Determination of antioxidant and antimicrobial activities of *Rumex crispus* L. extracts, Journal of Agricultural and Food Chemistry. 49: 4083-4089.

Yi-Zhong C., Mei S., Jie X., Qiong L., Corke H., 2006. Structure-radical scavenging activity relationships of phenolic compounds from traditional Chinese medicinal plants. Life Sciences. 78(25): 2872-2888.

Yumrutas O., Saygideger S.D., 2010. Determination of *in vitro* antioxidant activities of different extracts of *Marrubium parviflorum* Fish and Mey. and *Lamium amplexicaule* L. from South east of Turkey. Journal of Medicinal Plants Research. 4(20): 2164-2172.

Zarai Z., Kadri A., Ben Chobba I., Ben Mansour R., Bekir A., Mejdoub H. Gharsallah N., 2011. The *in-vitro* evaluation of antibacterial, antifungal and cytotoxic properties of *Marrubium vulgare* L. essential oil grown in Tunisia. Lipids in Health and Disease. 10: 161-169.

ANNEXES

ANNEXE 01

Tests biochimiques préliminaires

- Recherche des Saponosides

Leur présence est déterminée quantitativement par le calcul de l'indice de mousse, degré de dilution d'un décocté aqueux donnant une mousse persistante dans des conditions déterminées. Deux grammes de matériel végétal sec et broyé sont utilisés pour préparer une décoction avec 100 ml d'eau. On porte à ébullition pendant 30 mn. Après refroidissement et filtration, on réajuste le volume à 100 ml. Dans une série de 10 tubes à essai, répartir 1 ml de l'extrait dans le tube n° 1, 2 ml dans le tube n° 2, …, 10 ml dans le tube n° 10. Le volume final dans chaque tube étant de nouveau réajusté à 10 ml avec de l'eau distillée. Les tubes sont agités fortement en position horizontale pendant 15 secondes. Après un repos de 15 minutes en position verticale, on relève la hauteur de la mousse persistante en cm. Si elle est proche de 1 cm dans le Xe tube, alors l'indice de mousse est calculé selon la formule suivante :

$$I = \frac{\text{Hauteur de mousse (en cm) dans le } x^e \text{ tube} \times 5}{0.0x}$$

I : Indice de mousse

La présence des saponines dans la plante est confirmée avec un indice supérieur à 100 (Dahou et *al*, 2003).

- Recherche des tanins
- on prend 5 ml de l'infusé, aux quelle on ajoute goutte à goutte 1 ml d'une solution de Chlorure ferrique ($FeCl_3$) à 1%. L'apparition d'une coloration verdâtre indique la présence des tanins catéchiques, bleu noirâtre, tanins galliques.
- A 30 ml de l'infusé, on ajoute 15ml de réactif de Stiasny (Formol à 30% + HCl concentré 3-1 v/v). Après chauffage de 30 mn au bain marie, l'observation d'un précipité orange indique la présence des tanins catéchiques.

- Recherche des anthocyanes
La recherche des anthocyanes repose sur le changement de la couleur de l'infusé à 10 % avec le changement de pH :
On ajoute quelques gouttes d'HCl, puis quelques gouttes d'Ammoniac (NH_4OH). Le changement de la couleur indique la présence des anthocyanes.

- Recherche des leuco anthocyanes
Un volume de 5 ml de l'infusé est mélangé à 4 ml d'alcool chlorhydrique (Ethanol/ HCl pur 3/1 v/v). Après chauffage au bain marie à 50°C pendant

quelques minutes, l'apparition d'une couleur rouge cerise indique la présence des leuco anthocyanes (Solfo, 1973).

- Recherche des flavonoides :
La recherche des flavonoides débute par une macération de 10g de drogue pulvérisée dans 150 ml d'acide chlorhydrique (HCl 1 %) pendant 24h. Après filtration, on récupère 10 ml du filtrat auquel on ajoute une solution basique de (NH_4OH), si après 3h, il y a apparition d'une couleur jaune claire dans la partie supérieure du tube, ceci indique la présence de flavonoides.

- Recherche des alcaloïdes

Après macération de 5g de feuilles séchées et broyées dans 50 ml d'HCl à 1 %, on filtre la solution obtenue et on lui ajoute quelques gouttes de réactif de Mayer qui provoque un précipité blanc indiquant la présence des alcaloïdes (Bouquet, 1972).

- Recherche des Terpènes et des Stérols
5 g de la poudre sont macérés dans 20 ml d'éther de pétrole, Après filtration, la phase organique est évaporée dans un bain de sable à une 0°C de 90°C. Le résidu est dissout dans 0.5 ml d'acide acétique

(CH$_3$COOH) en ajoutant 1 ml d'Acide Sulfurique (H$_2$SO$_4$) concentré, dans la zone de contact entre les deux liquides. S'il y a apparition d'un cercle violé ou marron devenant gris par la suite, ceci indique la présence des terpènes et stérols.

- Recherche des Cardinolides
On réalisé le macération de la drogue pulvérisée (1g) dans de l'eau distillée (20 ml), pendant 3h, après filtration du macérat, on prélève 10 ml auxquels on ajoute 10 ml du mélange de la solution (Chloroforme (CHCl$_3$), Ethanol (C$_2$H$_5$OH)). L'évaporation de la phase organique dans un bain de sable à une 0°C de 90°C. le précipité est ensuite dissout dans 3 ml de l'acide acétique glacial (CH$_3$COOH), enfin, on ajoute quelques gouttes de Chlorure Ferrique (FeCl$_3$) puis 1 ml d'H$_2$SO$_4$ concentré sur les parois de tube. L'apparition d'une couleur verte bleue dans la phase acide indique la présence des Cardinolides.

ANNEXE 02

Dosage des protéines
Le dosage des protéines est déterminé selon la méthode de Bradford (1976) qui utilise le bleu de Coomassie (G250) comme réactif. Ce dernier réagit avec les

groupements amines (-NH$_2$) des protéines pour former un complexe de couleur bleu.

On verse une quantité de 0,1 ml de l'homogénat à doser dans une fiole de 5 ml et complétée à 5 ml avec le réactif de Bradford. Après agitation et une période de repos pendant 5 mn, la densité optique est lue à 595 nm. La densité optique est rapportée sur une courbe d'étalonnage préalablement tracée. La concentration des protéines est déterminée par comparaison à une gamme étalon d'albumine sérique bovine réalisée dans les mêmes conditions.

ANNEXE 03

Paramètres statistiques de base :

Tableau 1: Paramètres statistiques de base pour chaque caractéristique du lot Témoins.

Variable	n	$\bar{x}$	s	X_{min}-X_{max}
Glucose	6	1,47	0,65	0,8-2,46
Cholestérol	6	0,68	0,23	0,45-1,03
Triglycéride	6	1,57	0,75	0,41-2,43
Protéine	6	50,92	5,84	41,79-57,63
Urée	6	0,63	0,16	0,41-0,85
Acide Urique	6	35,67	9,84	25,23-47,57
Albumine	6	23,11	4,03	18,45-28,76
Créatinine	6	8,106	2,91	12,46-5,22
Poids corporels	6	45,25	2,07	41,8-47,1
Poids du foie	6	2,71	0,19	2,5-2,9
Poids relatif du foie	6	6,26	0,68	5,42-6,80
TGO	6	59,57	9,97	47,3-75,06
TGP	6	52,94	11,62	37,6-70,34
PAL	6	74,10	41,20	27,06-121
γ-GT	6	0	0	0-0
CAT	6	13,29	10,54	1,34-21,28
GSH	6	0,88	0,31	0,52-1,12
GST	6	3,59	1,94	1,39-5,08
Protéine de foie	6	0,07	0,009	0,06-0,07

Tableau 2: Paramètres statistiques de base pour chaque caractéristique du lot CCl$_4$.

Variable	n	$\bar{x}$	s	X_{min}-X_{max}
Glucose	6	1,48	0,28	1,22-1,89
Cholestérol	6	0,94	0,51	0,03-1,29
Triglycéride	6	2,37	0,33	2,02-2,79
Protéine	6	48,59	15,91	21,55-59,17
Urée	6	0,28	0,05	0,24-0,37
Acide Urique	6	40,49	8,03	30,22-50,58
Albumine	6	21,36	4,92	15,77-25,39
Créatinine	6	3	0,53	2,7-3,95
Poids corporels	6	37,74	2,58	34,8-41,1
Poids du foie	6	2,44	0,20	2,1-2,6
Poids relatif du foie	6	7,05	1,02	5,58-8,02
TGO	6	85,54	7,04	79,4-96,4
TGP	6	76,27	27,85	28,24-97
PAL	6	60,18	11,87	46,79-78,81
γ-GT	6	0,9416	1,01	0-2,42
CAT	6	19,30	5,73	14,35-25,59
GSH	6	1,93	0,33	1,57-2,24
GST	6	51,3730482	12,65	41,58-65,66
Protéine de foie	6	0,03715219	0,008	0,02-0,04

Tableau 3: Paramètres statistiques de base pour chaque caractéristique du lot CCl$_4$+100.

Variable	n	x̄	s	X$_{min}$-X$_{max}$
Glucose	6	1,03	0,29	0,81-1,53
Cholestérol	6	0,92	0,15	0,76-1,16
Triglycéride	6	1,96	0,92	1,01-3,3
Protéine	6	52,61	8,33	39,24-60,37
Urée	6	0,65	0,31	0,25-1,02
Acide Urique	6	27,71	4,71	23,28-34,69
Albumine	6	24,14	1,49	22,72-25,79
Créatinine	6	6,66	2,10	4,43-9,64
Poids corporels	6	38,04	4,79	33,6-45,8
Poids du foie	6	2,46	0,32	2,2-2,9
Poids relatif du foie	6	6,72	0,89	5,83-8,01
TGO	6	44,30	4,64	40,41-52,28
TGP	6	61,472	24,10	40,3-97,77
PAL	6	70,6	21,94	45,23-93,04
γ-GT	6	0,38	0,55	0-1,19
CAT	6	8,01	7,54	3,55-16,72
GSH	6	0,79245895	0,22	0,56-1,02
GST	6	32,3502001	0,99	31,20-32,99
Protéine de foie	6	0,05644258	0,003	0,05-0,059

Tableau 4: Paramètres statistiques de base pour chaque caractéristique du lot CCl4+200.

Variable	n	x̄	s	X$_{min}$-X$_{max}$
Glucose	6	1,122	0,20	0,9-1,42
Cholestérol	6	0,97	0,10	0,88-1,13
Triglycéride	6	1,54	0,36	1,07-1,95
Protéine	6	49,70	16,27	21,36-61,72
Urée	6	0,29	0,03	0,23-0,33
Acide Urique	6	15,31	2,78	12,29-19,08
Albumine	6	26,06	0,75	25,19-27
Créatinine	6	3,92	0,74	3,27-5,16
Poids corporels	6	34,26	2,30	32,4-38,1
Poids du foie	6	2,3	0,51	1,9-3,2
Poids relatif du foie	6	6,18	1,51	5,06-8,81
TGO	6	42,26	8,34	34,8-55,52
TGP	6	35,09	6,08	25,67-40,89
PAL	6	34,90	14,65	16,78-49,93
γ-GT	6	1,026	0,62	0,54-1,8
CAT	6	12,96	13,51	4,84-28,56
GSH	6	1,61	0,22	1,46-1,87
GST	6	31,70	1,79	29,75-33,27
Protéine de foie	6	0,04	0,007	0,04-0,05

Tableau 5: Paramètres statistiques de base pour chaque caractéristique du lot CCl4+400.

Variable	n	$\bar{x}$	s	X_{min}-X_{max}
Glucose	6	1,12	0,45	0,47-1,71
Cholestérol	6	1,04	0,25	0,67-1,39
Triglycéride	6	1,53	0,30	1,07-1,92
Protéine	6	50,35	13,12	28,14-62,6
Urée	6	0,40	0,10	0,29-0,54
Acide Urique	6	32,88	24,24	5,43-71,77
Albumine	6	23,08	3,24	17,34-24,89
Créatinine	6	4,64	1,78	2,63-6,74
Poids corporels	6	35,82	2,22	33,2-38,4
Poids du foie	6	2,24	0,20	2-2,5
Poids relatif du foie	6	6,68	0,45	6,21-7,28
TGO	6	49,66	5,86	44,29-56,5
TGP	6	42,11	3,34	37,2-45,03
PAL	6	78,77	46,77	28,97-154,6
γ-GT	6	0,816	1,27	0-2,9
CAT	6	19,12	6,42	12,35-25,14
GSH	6	1,23	0,14	1,13-1,40
GST	6	45,67	11,53	33,70-56,72
Protéine de foie	6	0,04	0,01	0,03-0,05

Tableau 6: Paramètres statistiques de base pour chaque caractéristique du lot Pesticide.

Variable	n	$\bar{x}$	s	X_{min}-X_{max}
Glucose	6	1,05	0,33	0,67-1,52
Cholestérol	6	0,98	0,20	0,77-1,21
Triglycéride	6	2,13	0,99	0,98-3,12
Protéine	6	49,93	17,29	23,65-64,07
Urée	6	0,29	0,02	0,27-0,34
Acide Urique	6	21,56	5,29	12,34-25,09
Albumine	6	21,65	1,27	20,37-23,59
Créatinine	6	2,28	2,50	0-5,4
Poids corporels	6	34,08	3,98	29,4-39,9
Poids du foie	6	2,52	0,58	2-3,3
Poids relatif du foie	6	7,34	1,58	5,64-9,64
TGO	6	224,26	38,34	176,8-274
TGP	6	109,16	21,73	84,11-143
PAL	6	127,72	50,05	71,54-208,1
γ-GT	6	1,58	2,00	0-4,9
CAT	6	142,14	203,74	5,26-376,29
GSH	6	4,84	4,90	1,83-10,50
GST	6	91,88	64,51	45,34-165,53
Protéine de foie	6	0,02	0,01	0,01-0,03

Tableau 7: Paramètres statistiques de base pour chaque caractéristique du lot Pesticide+100.

Variable	n	x̄	s	X_{min}-X_{max}
Glucose	6	1,15	0,26	0,7-1,39
Cholestérol	6	0,96	0,34	0,7-1,56
Triglycéride	6	2,58	0,77	1,98-3,54
Protéine	6	45,41	13,45	25,04-59,49
Urée	6	0,30	0,03	0,25-0,33
Acide Urique	6	9,4	0,90	7,98-10,36
Albumine	6	27,28	1,76	25,5-29,7
Créatinine	6	3,12	0,41	2,5-3,5
Poids corporels	6	33,7	3,22	30,9-38,9
Poids du foie	6	2	0,2	1,7-2,2
Poids relatif du foie	6	6,96	1,12	5,15-8,26
TGO	6	238,90	24,73	213,03-273,2
TGP	6	92,92	14,63	70,5-109,52
PAL	6	72,38	8,05	60,74-80,05
γ-GT	6	0,92	0,06	0,85-1,01
CAT	6	10,11	6,13	4,89-16,8
GSH	6	1,86	0,92	1,28-2,93
GST	6	26,40	6,12	21,31-33,20
Protéine de foie	6	0,06	0,01	0,05-0,08

Tableau 8: Paramètres statistiques de base pour chaque caractéristique du lot Pesticide+200.

Variable	n	x̄	s	X_{min}-X_{max}
Glucose	6	0,93	0,22	0,67-1,28
Cholestérol	6	0,78	0,06	0,7-0,89
Triglycéride	6	1,54	0,27	1,3-1,88
Protéine	6	56,90	8,62	45,52-65,5
Urée	6	0,22	0,07	0,1-0,29
Acide Urique	6	28,42	24,73	8,54-58
Albumine	6	23,99	3,49	21,15-29,51
Créatinine	6	3,69	1,09	2,3-5,12
Poids corporels	6	32,98	3,07	30-37,3
Poids du foie	6	2,36	0,08	2,3-2,5
Poids relatif du foie	6	6,77	0,40	6,11-7,12
TGO	6	285,55	70,72	208,56-401,3
TGP	6	67,92	4,75	60,92-73,14
PAL	6	78,25	24,30	46,65-110,8
γ-GT	6	4,32	2,57	2,23-7,25
CAT	6	13,64	6,13	6,8-18,62
GSH	6	1,76	0,95	0,80-2,72
GST	6	33,61	7,47	25,34-39,88
Protéine de foie	6	0,05	0,01	0,04-0,07

Tableau 9: Paramètres statistiques de base pour chaque caractéristique du lot Pesticide+400.

Variable	n	$\bar{x}$	s	X_{min}-X_{max}
Glucose	6	1,00	0,23	0,71-1,26
Cholestérol	6	0,96	0,14	0,83-1,2
Triglycéride	6	1,71	0,05	1,65-1,79
Protéine	6	56,20	8,56	40,9-60,39
Urée	6	0,50	0,26	0,2-0,73
Acide Urique	6	58,69	3,41	54,95-64,01
Albumine	6	25,85	2,80	22,41-29,3
Créatinine	6	10,59	4,43	2,91-14,2
Poids corporels	6	32,48	3,07	27,3-35,2
Poids du foie	6	2,22	0,20	1,9-2,4
Poids relatif du foie	6	6,68	0,74	5,57-7,54
TGO	6	231,52	39,88	171,6-274
TGP	6	66,77	10,45	53,28-78,74
PAL	6	65,27	31,58	29,9-89,2
γ-GT	6	5,904	0,90	4,9-7,2
CAT	6	13,04	14,59	3,62-29,85
GSH	6	2,30	1,10	1,48-3,55
GST	6	30,43	13,18	21,31-45,55
Protéine de foie	6	0,06	0,021	0,04-0,08

ANNEXE 04

Analyses par HPLC

1. Extrait brut méthanolique

Tableau 10: Analyse par HPLC de l'extrait brut méthanolique de *Marrubium vulgare*.

Ret. Time	Separation	Resolution	k'	Area %
0.258	0.000	0.000	0.000	0.047
0.429	0.000	0.501	0.660	0.138
0.581	1.895	0.087	1.250	0.107
0.768	1.577	0.095	1.971	0.228
0.884	1.229	0.120	2.423	0.113
0.961	1.123	0.086	2.721	0.079
1.025	1.091	0.066	2.968	0.100
1.150	1.163	0.104	3.452	0.055
1.230	1.090	0.113	3.762	0.120
3.779	3.622	0.000	13.628	0.055
3.842	1.018	0.000	13.871	0.068
5.422	1.441	1.680	19.990	0.587
5.810	1.075	0.340	21.489	3.432
6.283	1.085	0.223	23.322	2.973
6.907	1.104	0.284	25.739	24.345
7.265	1.054	0.444	27.123	29.966
8.733	1.210	0.717	32.806	1.130

8.825	1.011	0.027	33.160	1.262
9.021	1.023	0.029	33.918	0.543
9.115	1.011	0.015	34.283	1.441
9.400	1.032	0.000	35.387	0.334
9.655	1.028	0.000	36.375	2.528
10.239	1.062	0.238	38.634	1.127
10.319	1.008	0.033	38.944	1.083
10.525	1.020	0.043	39.742	0.649
10.702	1.017	0.030	40.427	0.325
10.796	1.009	0.032	40.792	0.459
10.925	1.012	0.039	41.290	0.366
11.187	1.025	0.081	42.303	2.483
11.517	1.030	0.170	43.581	0.463
11.637	1.011	0.000	44.048	0.668
11.858	1.019	0.000	44.903	0.496
12.048	1.016	0.056	45.638	0.710
12.142	1.008	0.026	46.000	0.289
12.203	1.005	0.020	46.238	0.290
12.282	1.007	0.033	46.545	0.383
12.408	1.010	0.008	47.032	0.348
12.475	1.005	0.004	47.290	0.160
12.530	1.004	0.017	47.501	0.322
12.600	1.006	0.032	47.774	0.161
12.650	1.004	0.008	47.967	0.511
12.781	1.011	0.015	48.474	0.220
12.850	1.006	0.018	48.742	0.252
12.895	1.004	0.007	48.917	0.490
13.083	1.015	0.027	49.645	0.547
13.170	1.007	0.036	49.982	0.153
13.225	1.004	0.020	50.194	0.182
13.296	1.005	0.012	50.467	0.341
13.377	1.006	0.015	50.781	0.530
13.500	1.009	0.041	51.258	0.184
13.580	1.006	0.037	51.570	0.341
13.670	1.007	0.040	51.916	0.478
13.778	1.008	0.033	52.336	0.226
13.921	1.011	0.045	52.887	0.941
14.136	1.016	0.104	53.718	0.213
14.204	1.005	0.038	53.983	0.318
14.304	1.007	0.045	54.370	0.160
14.342	1.003	0.020	54.516	0.288
14.724	1.027	0.198	55.997	1.120
14.814	1.006	0.035	56.345	0.402
14.920	1.007	0.039	56.754	0.288
15.061	1.010	0.038	57.301	0.467
15.239	1.012	0.045	57.989	0.730
15.325	1.006	0.022	58.323	0.304
15.392	1.004	0.018	58.581	0.265
15.467	1.005	0.000	58.871	0.112
15.522	1.004	0.000	59.086	0.388
15.654	1.009	0.054	59.595	0.247
15.719	1.004	0.031	59.847	0.279
15.817	1.006	0.050	60.229	0.521
15.948	1.008	0.069	60.736	0.290
16.068	1.008	0.085	61.198	0.515
16.200	1.008	0.099	61.708	0.259
16.288	1.006	0.062	62.051	0.249

16.392	1.006	0.049	62.451	0.623
16.621	1.014	0.074	63.338	0.166
16.725	1.006	0.021	63.742	0.466
16.869	1.009	0.039	64.300	0.192
16.958	1.005	0.077	64.643	0.550
17.204	1.015	0.173	65.595	0.199
17.351	1.009	0.122	66.163	0.306
17.595	1.014	0.233	67.110	0.597
17.675	1.005	0.061	67.418	0.266
17.824	1.009	0.086	67.996	0.617
18.025	1.011	0.107	68.774	0.257
18.078	1.003	0.030	68.980	0.211
18.181	1.006	0.072	69.378	0.352
18.317	1.008	0.116	69.903	0.569
18.637	1.018	0.232	71.144	0.243
18.768	1.007	0.056	71.652	0.262
18.917	1.008	0.073	72.226	0.120
19.010	1.005	0.124	72.588	0.164
19.192	1.010	0.080	73.290	0.123
19.317	1.007	0.059	73.774	0.088
19.480	1.009	0.389	74.405	0.086
19.694	1.011	0.405	75.235	0.043
19.805	1.006	0.177	75.663	0.081
19.978	1.009	0.376	76.335	0.051
20.141	1.008	0.274	76.964	0.045
20.404	1.013	0.387	77.983	0.080
				100.000

2. Extrait flavonoidique

Tableau 11: Analyse par HPLC de l'extrait brut méthanolique de *Marrubium vulgare*.

Ret. Time	Separation	Resolution	k'	Area %
0.132	0.000	0.000	0.000	0.002
0.316	0.000	0.381	1.395	0.008
0.502	2.012	0.279	2.807	0.008
0.760	1.696	0.277	4.759	0.017
0.828	1.108	0.077	5.274	0.005
0.930	1.146	0.231	6.046	0.013
1.070	1.176	0.261	7.111	0.022
1.125	1.058	0.026	7.526	0.012
1.245	1.121	0.054	8.437	0.018
1.331	1.077	0.018	9.086	0.022
1.581	1.209	0.047	10.983	0.042
1.647	1.045	0.029	11.481	0.021
1.845	1.131	0.088	12.981	0.043
2.033	1.110	0.091	14.410	0.039
2.119	1.045	0.043	15.057	0.048
2.323	1.103	0.102	16.605	0.012
2.421	1.045	0.033	17.347	0.017
2.450	1.013	0.007	17.568	0.007
2.478	1.012	0.004	17.780	0.014
2.550	1.031	0.012	18.326	0.050
2.983	1.179	0.124	21.610	0.042
3.131	1.052	0.055	22.729	0.030
3.300	1.056	0.088	24.009	0.048
3.408	1.034	0.046	24.830	0.017
3.547	1.042	0.069	25.884	0.026
3.679	1.038	0.081	26.880	0.031
3.748	1.019	0.032	27.401	0.037
4.587	1.232	0.438	33.765	0.680
6.286	1.381	1.464	46.642	43.298
8.184	1.308	2.043	61.021	54.045
12.267	1.507	8.397	91.965	0.003
12.425	1.013	0.276	93.168	0.009
12.561	1.011	0.193	94.194	0.017
13.134	1.046	0.615	98.537	0.016
13.490	1.027	0.376	101.239	0.007
13.725	1.018	0.476	103.017	0.004
14.098	1.027	0.749	105.843	0.002
15.404	1.094	0.000	115.741	0.004
15.467	1.004	0.000	116.216	0.003
15.556	1.006	0.095	116.892	0.002
15.620	1.004	0.104	117.379	0.004
15.747	1.008	0.148	118.339	0.011
15.846	1.006	0.093	119.087	0.007
15.937	1.006	0.085	119.784	0.013
16.618	1.043	0.912	124.943	0.038
16.680	1.004	0.143	125.408	0.007
16.783	1.006	0.320	126.195	0.004
16.858	1.004	0.310	126.763	0.003
17.042	1.011	0.893	128.159	0.016
17.444	1.024	0.507	131.201	0.014
17.600	1.009	0.141	132.384	0.018

26.383	1.003	0.053	198.949	0.005
26.550	1.006	0.094	200.214	0.008
26.669	1.005	0.094	201.118	0.010
26.826	1.006	0.186	202.307	0.005
26.913	1.003	0.144	202.967	0.010
27.106	1.007	0.197	204.429	0.004
27.246	1.005	0.165	205.489	0.004
27.329	1.003	0.191	206.114	0.003
27.406	1.003	0.115	206.698	0.005
27.502	1.004	0.170	207.431	0.004
27.782	1.010	0.984	209.552	0.005
27.942	1.006	0.533	210.760	0.002
28.073	1.005	0.327	211.755	0.004
28.133	1.002	0.031	212.212	0.003
28.283	1.005	0.075	213.349	0.003
28.365	1.003	0.125	213.969	0.003
28.434	1.002	0.105	214.490	0.003
28.558	1.004	0.175	215.433	0.005
28.638	1.003	0.074	216.038	0.005
28.717	1.003	0.095	216.633	0.005
28.808	1.003	0.210	217.325	0.005
28.892	1.003	0.173	217.959	0.002
28.953	1.002	0.097	218.423	0.006
29.095	1.005	0.261	219.497	0.004
29.233	1.005	0.418	220.549	0.002
29.664	1.015	1.711	223.809	0.002
				100.000

3. Extrait tannique

Tableau 12: Analyse par HPLC de l'extrait tannique de *Marrubium vulgare*.

Ret. Time	Separation	Resolution	k'	Area %
6.518	0.000	0.000	0.000	8.912
6.857	0.000	0.484	0.052	51.550
7.456	2.767	2.134	0.144	0.114
7.873	1.445	0.758	0.208	10.834
9.954	2.535	2.362	0.527	0.418
10.062	1.031	0.126	0.544	0.252
14.773	2.329	7.101	1.267	0.157
20.248	1.663	10.773	2.107	0.117
20.550	1.022	0.496	2.153	0.138
20.775	1.016	0.415	2.188	0.117
28.502	1.542	16.812	3.373	0.112
28.595	1.004	0.185	3.387	0.164
35.817	1.327	11.734	4.495	0.110
37.225	1.048	2.260	4.712	0.127
37.392	1.005	0.097	4.737	0.128
37.750	1.012	0.208	4.792	0.129
41.817	1.130	7.106	5.416	0.229

Oui, je veux morebooks!

I want morebooks!

Buy your books fast and straightforward online - at one of the world's fastest growing online book stores! Environmentally sound due to Print-on-Demand technologies.

Buy your books online at
www.get-morebooks.com

Achetez vos livres en ligne, vite et bien, sur l'une des librairies en ligne les plus performantes au monde!
En protégeant nos ressources et notre environnement grâce à l'impression à la demande.

La librairie en ligne pour acheter plus vite
www.morebooks.fr

SIA OmniScriptum Publishing
Brivibas gatve 1 97
LV-103 9 Riga, Latvia
Telefax: +371 68620455

info@omniscriptum.com
www.omniscriptum.com

Printed by Books on Demand GmbH, Norderstedt / Germany